행복을 찾아가는 절집 기행

행복을 찾아가는

서울

절집기행

|글| 임 연 태　|사진| 이 승 현

클리어마인드
CLEARMIND

절집 기행을 떠나며

들판이 넓어졌습니다. 일렁이던 황금물결이 썰물처럼 빠져나가고 텅 빈 들판엔 차가운 바람만 가득합니다. 빈 들판은 새봄이 오기까지 혹한을 인내하는 냉엄한 도량입니다. 들판은 비어 있지만 거기, 보여주는 것과 생각하게 하는 것이 무량합니다. 가득 찬 풍요보다 처연한 결핍이 더 숭고합니다. 한 생각 돌려 보면, 들판이 비었다는 것은 누군가의 곳간이 찼다는 의미 아니겠습니까?

빈 들판을 보고 느끼는 것도 사람마다 다릅니다. 보는 사람마다 보고 느끼고 갈무리하는 근기(根機)가 다르기 때문입니다. 불교계 신문기자가 된 것이 1989년 11월이었습니다. 그리고 20년 동안 '불교' 속에서 살았습니다. 저에게 '불교'는 종교로서 의미와 직업으로서의 의미를 동시에 갖는 것이었는데, 시간이 지나면서 그 분별이 무의미한 것임을 알게 되었습니다. 재가불자로, 기자로, 시인으로, 그렇게 바라보는 관점이 다르다고 해서 불교 그 자체가 달라지는 것은 아닙니다. '보는' 입장에 집착하기보다는 '보여지는 것'을 진실하게 받아들이는 것이 훨씬 중요하다는 것을 알게 됐던 것입니다.

불교기자 생활 20년을 채우고 나니 몸이 근질거렸습니다. 어디 깊은 곳에 잠복해 있던 바람기가 살갗을 뚫고 나오려는 징후! 봄날의 아지랑이처럼 무한하게 피어오르는 역마살! '생각대로'라더니, 결국 신문사를 사직하고 막막한 들판으로 나섰습니다.

이제 뭘 하지? 여행도 다니고, 책도 읽고, 시도 쓰고(그간 쓴 것들 정리도 하고), 사람들도 좀 만나고……. 그렇게 할 일이 많을 것 같았는데 막상 손에 잡히는 것은 아무것도 없었습니다. 그렇게 둥둥 떠 있던 어느 날, '내가 할 수 있고 해야 할 일'이 뭔가를 생각해 보다가 절집 기행을 떠나기로 결심했습니다. 한때 사찰 답사가 크게 유행했고 이제는 그룹 답사보다는 개인적인 답사가 일상화되었습니다. 사찰을 답사하고 블로그나 카페에 멋진 사진과 글을 올리는 사람들도 부지기수입니다. 그러나 인터넷 글이나 일부의 책들을 통해 사찰을 구석구석 이해하기에는 뭔가 적잖게 부족하다는 느낌이 들지 않을 수 없습니다.

절집에 들어서면 눈에 보이는 모든 것이 그 나름대로의 의미를 갖고 있지만 누구도 자세히 설명해 주지 않습니다. 돌 하나, 목재 하나, 그림 한 조각도 그냥 있는 것이 아닌데 그 존재의 이유와 가치를 안내하고 설명해 주는 친절은 만나기 어렵습니다. 절집에서 만나는 무수한 '유형'들은 교리(敎理)적으로나 역사 문화 예술적으로 무한한 의미와 가치를 지니고 있습니다. 그 의미와 가치들을 상세하게 안내하는 책이 필요하다는 확신이 서는 순간, 두 사람을 만났습니다. 지혜장과 나팔수, 이 책의 이야기를 끌고 나가는 부부입니다. 물론 가상의 인물이지요.

그러나 이 부부는 가공된 인물이기보다는 우리의 미혹을 깨쳐주고 근기를 깊게 만들어주는 천수천안의 관세음보살님 같은 존재가 될 것입니다. 이 부부를 놓치지 않는다면, 전국의 크고 작은 절집을 두루 다니면서 눈에 보이는 것의 아름다움과 눈에 보이지 않는 그윽한 진리를 조금씩 내면에 갈무리하는 동안 독자 여러분도 지혜의 창고[智慧藏]를 가지게 될 것입니다.

2010년 봄부터 절집 기행을 나섰는데 정작 책은 겨울 문턱에서 내놓게 됐습니다. 굳이 변명하자면, 이 기행을 시작하면서 저는 "내가 참 무식하구나" 하는 것을 절감했습니다. 불교 안쪽에서 20년을 살았다는 이력과 시인이라는 자존심이 무너져 내리면서 글을 고쳐 써야 하는 밤이 길고 길었던 것입니다. 천신만고(?) 끝에 절집 기행의 첫 보고서가 나왔으니, 이제 보다 숙달되고 안정되어 더 큰 가르침과 감동을 전해주는 보고서가 뒤를 이을 것입니다.

책의 제목을 '행복을 찾아가는 절집 기행'으로 한 것은 유형과 무형의 가르침이 용해되어 있는 절집을 보고 이해하는 것으로 행복한 삶을 만드는 충분한 에너지가 될 것이기 때문입니다. 부부가 함께 절집을 기행한다는 것, 당장 행복한 그림 한 장이 떠

오르지 않습니까? 망설일 것 없이, 그 그림의 주인공이 되시기 바랍니다. (배낭에 이 책을 넣고 나서면 마음이 든든해질 것입니다.)

'불교기자'라는 '밥줄'을 내려놓고 다시 절집을 쏘다니는 '바람' 난 남편을 불평 없이 바라봐 주는 지혜장 보살, 아내에게 미안하고 고마운 마음 전합니다. 당초 기획 단계에서는 아내와 함께 기행을 나서려 했는데 "밥은 하늘에서 떨어지고 애들 학비는 땅에서 솟아오른답니까?" 한마디에 꼬리를 낮추고 말았습니다. 부족함이 많은 기행에 동행해 주신 두 분께 감사드립니다. 카메라를 메고 함께 나서 주신 이승현 시인께, 부산과 서울을 바쁘게 오가면서 기꺼이 책을 만들어 주신 오세룡 사장님께 허리 숙여 감사드립니다.

행복을 찾아가는 절집 기행, 이 기행을 다니면서 누구보다 필자인 제가 행복합니다. 안다고 생각했던 것들 앞에서 '내가 모르고 있다'는 사실을 깨닫는 것이 가장 큰 행복입니다. 그 깨달음이 있을 때 절집의 가르침과 풍경과 역사가 더욱 감동적으로 내 몸속에 용해되는 것입니다. 독자 여러분께 이 행복을 나눠 드립니다.

2010년 11월

金村 死關에서 임연태 삼배.

행복을 찾아가는 절집 기행,
서울

prologue

"여보 절에 가요"

남편이 절에 다니면
행복해진다

"여보, 절에 갈래요?"

"뭔 소리야? 뜬금없이."

"오늘 뭐하게?"

"뭐하긴. 잠이나 팍팍 때려야지. 괜히 깨우고……."

아이고, 관셈보살…….

지혜장(智慧藏). 법명이다.

나팔수(羅八秀). 본명이다.

맞벌이 부부.

'아이고, 관셈보살. 이것도 내 업(業)이지.'

예상했던 대로지만, 막상 벽에 부딪치고 나니 가슴이 답답하다. 안 간다는 남편보다 결혼 18년 만에 처음으로 절에 가자고 한 내가 더 잘못된 사람 아닐까 하는 생각에 얼굴이 뜨거워진다. 얼마 전 법회에서 들은 법문이 머릿속을 뒤집어 놓는다.

"자, 여러분. 주변을 한번 둘러봐라. 이 너른 법당에 남자가 몇 명이고? 나하고 여기 앞의 스님들 빼면 대여섯 명 되나? 모조리 앉아서 오줌 누는 것들뿐이제? 이래 갖고 되겠나? 불교가 이래 갖고 장래가 있겠나? 여기 있는 보살들은 와 절에 신랑 안 데리고 다니노? 그리 귀하나? 절에 데리고 오면 딴 보살들캉 눈 맞을까 겁나나? 암만 직장 바쁘고 먹고살기 힘들어도, 그럴수록 남자들이 절에 와서 배우고 기도하고 그래야 좋은 기다. 뭐가 좋겠노? 누가 얘기해 봐라."

경상도에서 올라오신, 이름하야 전국구 큰스님. 수행 잘하시고 음성 좋고 풍채도 '굿'인 큰스님이 법문 딱 중간쯤에서 '치마불교 비판'으로 길을 돌렸다. 척 들으면 뭔 얘긴지 알고 생각해 보면 다 맞는 얘기. 아무도 말 못하고 눈만 껌뻑껌뻑 머리만 긁적긁적.

"봐라. 남자, 거사들이 절에 나오면 젤 먼저 절이 좋다. 불전 수입이 팍 달라진다 (우하하하, 느닷없이 법당에 웃음꽃 만발). 보살들은 남편 벌어온 돈으로 시주하지만 남편들은 지가 버니까 기분 좋으면 팍팍 내놓을 것 아니가? 이건 농담이고, 남편들이 절에 나오면 진짜로 좋은 건 바로 마누라들 아니겠나? 그래도 서방인데 같이 다니면 혼자 다니는 것보다 좋은 게 많겠제? 차도 태워 주고 집에 가는 길에 맛난 것도 사 주고 그럴 것 아니가? 그러다 보면 금실이 저절로 좋아지고 부부가 젊어진다. 거사들이 불교 공부하고 봉사활동 다니고 합창도 하고 그래 봐라, 얼마나 신명나는 절이 되겠노? 절도 좋고 집안 분위기도 좋고. 남편도 정신 건강 몸 건강 다 좋아진다. 온 집안이 행복해지겠제? 그게 다 보살들이 하기 나름이다. 남편들도 좀 절에 다니게 해라. 가장이 돈 벌어다 주는 기계로 전락하고 있는데 불쌍치도 않나?"

정신이 번쩍 들었다. 늘 생각은 하면서도 '원래 그런 거려니' 하고 묻어놨던 그 무엇이 곪은 종기 터지듯 툭 터져버린 느낌. 칼을 갈았다.

'그래, 오늘 들은 법문 다 잊어도 이것만은 가슴에 새기자.'

돌이켜보니 그랬다. 여행이나 등산 가는 길에, '거기 있으니까' 가는 경우를 빼고 신심이 나서 함께 절에 간 적이 없다. 가족을 대표해서 절에 간다며 '전국구 불자'를 자처한 것도 자신이었다. 그런저런 생각을 하다가 무모한 꿈에 도전장을 던지는 지혜장.

"부처님, 남편과 함께 전국의 사찰을 두루두루 참배하겠습니다."

부처님께 '덜컥' 약속을 했다. 쌀 한 톨 없는 심봉사가 공양미 300석 시주를 약속한 꼴이다.

그 첫 관문에서 "뭔 소리야? 뜬금없이"라고 흐물흐물 미지근한 반응을 보이고 침대에 몸을 던져버린 남편.

저 웬수의 잠옷을 벗기면 행복해진다는데, 어떻게 벗긴다지?

봉은사

빌딩 숲 속 고즈넉한 산사?
거기엔 우주가 들어 있다

봄입니다.
아지랑이처럼 아물아물한 것들이
온몸을 기어 다니는 것 같습니다.
이렇게 풀어지는 것이 봄인가 봅니다.
땅이 풀어지고 몸이 풀어지고
정신마저 한 올 한 올 풀어져 버립니다.
그러나 언 땅이 녹아야 새싹이 돋는 법.
이 나른한 봄날,
해체되는 만물의 살결이 곱습니다.
허물어지는 것들 사이로
새로 돋아나는 생명의 결이 곱습니다.
서럽도록, 미치도록 곱습니다.
남편과 함께 떠나려 합니다.
전국의 유서 깊은 절집을 샅샅이 살펴보면서
거기, 곱게 스미어 있는
부처님의 가르침을 하나하나 배우며
행복의 집을 지으려 합니다.
삼보에 귀의하며 행복의 길을 닦으려 합니다.
제불보살님의 가피 함께하시길
간절히 염원하며.

국수
한 그릇으로
낚은 남편

정오가 되려면 아직 40여 분 남았지만 국숫집은 제법 손님이 많았다.

"여보, 이 집이 그래도 아주 유명한 집이야."

"유명한 것보단 맛이 있어야지. 값은 좀 비싼 편이구먼."

"맛있으니까 유명한 거지."

지혜장은 하나 마나 한 대화에도 짜증을 내지 않았다.

'뭔 남자가 시시콜콜 따지냐 따지길.'

어쩔 수 없었다. 칼국수 먹으러 가자고 남편을 꾄 것은 자기였으니까. 남편으로 하여금 잠옷을 벗고 외출복으로 갈아입게 하려면 먹는 것으로 꾈 수밖에 없었다. 어쨌거나 남편을 봉은사(奉恩寺) 근처 국숫집으로 '끌고' 오는 데는 성공했다.

만두 한 접시에 칼국수 한 그릇씩을 비우고 땅땅해진 배를 쓰다듬으며 국숫집을 나오니 온몸이 나른했다. 봄빛이 완연한 3월 중순, 하늘을 찌를 듯한 빌딩들에 현기증을 일으킬 지경. 나팔수 씨가 기지개를 쭉 펴는 순간에 맞춰 2단계 작전에 들어갔다.

"여기까지 왔는데 옆에 있는 절에나 잠깐 들렀다 갈까? 산책도 할겸⋯⋯."

"뭐야? 당신, 절에 오려고 국수 먹자고 한 거야? 내가 낚인 거야? 당신한테?"

"아니, 뭐 꼭 그런 건 아니고(이그, 눈치는 빨라 가지고)⋯⋯, 뭐 어때, 나는 당신한테 평생을 낚였는데. 내 인생 코 꿴 게 누군데, 안 그래?"

"알았다, 알았어. 할 일도 없는데 절간 구경이나 좀 하지 뭐. 으이그, 마누라 잔머리에 넘어가다니."

일주문을 들어서는 마음

세속과 절의 경계는 무엇일까? 일주문이다. 양쪽에 하나씩의 기둥을 세우고 지붕을 얹은 문. 미닫이도 여닫이도 아닌 문, 문은 문이되 항상 열려 있는 문이 일주문이다. 통제하는 문이 아니고 드나드는 뭇 생명에게 속세와 절의 경계를 알려 마음을 가다듬으라는 무언의 메시지로 세워진 문이다. 일주문을 들어서기 전, 오른쪽에 커다란 안내판이 세워져 있다.

"이거 잠깐 읽어봐. 역사는 대충 알고 들어가야지."

도심 속 천년고찰 봉은사

봉은사는 서울의 새로운 중심지인 강남구 삼성동 수도산에 자리 잡은 1200여 년의 유구한 역사를 간직하고 있는 사찰입니다. 신라시대 794년 연희 국사께서 창건했으며, 조선조에는 조계종을 대표하는 선종의 수사찰로서 허응당 보우 대사가 주석하며 이곳에서 스님을 배출하는 승과고시를 실시하면서 임진왜란 의 명장이자 한국불교의 선맥을 이은 서산 사명 등의 걸출한 역대 조사들을 배 출하였습니다.

조선시대 말에는 남호 영기 율사가 판전을 짓고 화엄경판을 조성했으며, 당시 대학자였던 추사 김정희 선생도 봉은사에 머물며 말년의 추사체를 완성시켰던 곳으로 유명합니다. 근대에는 청호 선사가 한강 범람으로 터전을 잃은 주민 700여 명을 구호하여 재난 구호의 모범을 보인 사찰로 기록되고 있으며, 1960 년대 이후에는 종단의 역경사업을 담당했던 동국역경원이 이곳에 세워졌고 한 국 대학생불교연합회의 모태인 대학생 구도법회도 봉은사에서 출범했습니다. 오늘날 봉은사는 한국을 대표하는 도심 속의 전통사찰로서 수행 중심의 사찰 운영으로 새로운 한국불교의 역사를 만들어 나가고 있습니다.

하루 세 번의 예불과 발우공양, 참선, 기도, 법회, 교육 등의 수행과 전법활동이 연중 이어지고 있으며, 20만 명에 달하는 신도들은 신도회를 중심으로 각종 신 행과 사회봉사 활동을 활발하게 벌이고 있습니다.

1200여 년의 전통사찰답게 봉은사에는 대웅전, 지장전, 영산전, 북극보전, 판 전, 미륵전, 영각 등의 전각과 심검당, 선불당, 운하당, 보우당, 다래헌 등의 당 우가 있으며 그 밖에 오랜 역사를 자랑하는 부도와 비석군이 있습니다.

나팔수 씨는 안내판을 읽으며 속으로 자존심이 상했다.

선불당. 마루에 앉아 이야기를 나누는 사람들의 표정이 여유롭다.

'이런 된장, 짧은 글에 모르는 단어가 왜 이리 많아? 이래서 불교는 골 때리는 종교
라니까.'

그러나 지혜장은 감동하고 있었다.

'아, 대불련이 여기서 싹이 텄구나.'

대학 시절, 인근 대학의 대불련 법우들과 함께 법회를 보던 봄꽃 같은 시간들이 잠
깐 뇌리를 스쳤다. 얼굴이 좀 굳어버린 나팔수 씨가 속내를 들키고 싶지 않아 허공에
날리는 허무한 멘트.

"서산 대사와 사명 대사가 여기 출신이구먼. 그분들이 고시 패스해서 스님 된 줄
은 몰랐네. 예나 지금이나 출세하려면 공부를 잘해야 한다니까. 안 그래?"

봉은사 일주문은 진여문(眞如門)이다. 길 건너편에서 코엑스와 대형 호텔이 주는
중압감에도 불구하고 진여문은 당당하게 서 있다. 길쭉한 화강암 기둥들이 롱다리

의 아가씨처럼 산뜻하고, 그 위에 올려진 화려한 단청의 추녀와 지붕은 하늘로 날아갈 듯하다. 그러나 절집에 들어가는 첫 번째 문인 만큼 양쪽에 사천왕(서울시유형문화재 160호)을 모셔서 함부로 드나드는 문이 아님을 일깨워 준다.

"'진여'가 뭐어?"

"글쎄, 글자 그대로 '참 진' '같을 여', '있는 그대로가 진리'라는 말이 아닐까? 변하지 않고 늘 그대로인 진리 말이야."

"뭐, 그쯤 될 것 같네. 그런데 다른 절에선 일주문이라고 하지 않나?"

"일주문이란 게, 뭐 꼭 문의 이름이 아니고 보통명사로 보면 돼. 그러니까 '봉은사 일주문의 이름은 진여문이다' 이런 정도로."

세 가지 보배, 더 중요한 한 가지 보배

진여문을 들어서니 오른쪽에는 비석과 부도들이 즐비하고 왼쪽 새로 만든 앙증맞은 계곡에는 물이 돌돌돌 흐르고 있다. 계단 폭을 널찍하게 두어 경사를 느끼지 않고 편하게 걸을 수 있도록 했다. 눈앞에 커다란 누각(법왕루)이 보이고 방금 법회가 끝났는지 많은 사람들이 보였다.

누각 아래는 별천지 같다. 양쪽으로 종무소가 있어 사람들이 바쁘게 움직이고 사무실 앞 홍보대에는 이런저런 홍보물이 가득 꽂혀 있다. 나팔수 씨는 '판전'이라는 책

하나를 뽑아 들었다. 봉은사가 발행하는 월간지다. 누각 아래를 통해 대웅전 마당으로 올라갔다. 대웅전 앞마당은 등을 달기 위한 전기공사가 한창.

"벌써 초파일 준비하나?"

"아니, 얼마 안 있으면 부처님 출가일과 열반일이거든. 부처님께서 출가하신 날은 음력으로 2월 8일이고 열반에 드신 날은 음력 2월 15일이야. 그래서 이 일주일간을 불자들은 '특별정진주간'이라 하여 기도나 수행을 하면서 그 뜻을 기리는데, 주로 철야참선정진을 많이 해. 불교에서는 부처님이 태어나신 4월 초파일과 출가일, 열반일 그리고 깨달음을 이루신 음력 12월 8일, 즉 성도일을 4대 명절이라 하지."

"부처님은 주로 8일 날 사고를 치셨군."

지혜장의 막힘없는 설명에 나팔수 씨는 '어, 이 여자 제법이네' 하며 조금 전의 안내판 앞에서 진짜 궁금했던 단어 하나를 떠올렸다.

"그런데, 이 절이 조선시대에 '선종수사찰'이었다는데 그게 뭔 말이야?"

"불교엔 여러 종파가 있었는데 그걸 조선시대에 선종과 교종으로 통합했어. 선종은 참선을 위주로 수행하는 것이고 교종은 경전공부에 더 비중을 두는 것이라 생각하면 돼. 그러니까 봉은사가 선종의 대표사찰이었던 거지. 봉은사에 선종의 행정 책임자 스님이 있었는데 그 직급이 판사였다지 아마. 판사스님, 웃기지? 당시 불교를 배척하던 사회이념 속에서 그렇게라도 인정 받았으니 서산 대사나 사명 대사 같은 훌륭한 분이 배출되어 위기의 나라를 목숨 바쳐 구하신 거잖아."

"그럼, 교종의 대표사찰은 어디였어?"

"응, 광릉수목원 옆에 있는 봉선사. 우리 언제 봉선사 가 볼까?"

"아니, 이 마누라가, 틈만 나면, 아주 작정을 하고 절에 가자고 하네."

추사 김정희의 친필 현판이 걸린 대웅전. 안에서는 많은 사람들이 절을 하거나 참선을 하고 있다.

"우린, 삼배만 하고 나가."

나팔수 씨는 지혜장이 가르쳐 주는 대로 부처님을 향해 절을 세 번 했다. 아니 정확하게 다섯 번이다. 반배, 큰절 세 번, 그리고 반배.

"그런데, 왜 절은 세 번 하는 거야?"

"삼보에 귀의한다는 의미지. 불교에는 세 가지 보배가 있는데, 첫째로 부처님을 불보(佛寶)라 하고 다음 부처님의 가르침을 법보(法寶)라고 해. 세 번째 승단, 스님들을 승보(僧寶)라고 하거든. 이 삼보에 경배하고 의지한다는 의미로 절을 세 번 하는 거야."

"그럼 여보는 어떻게 하고?"

"여보라니?"

"아, 우리가 서로 여보 당신 하잖아. 그때의 여보는 보배가 아니냔 말이지, 내 말은."

"하하하, 당신, 오늘 개그가 좀 되는데? 삼보에 여보라, 좋다. 우리 집은 불·법·승 삼보에 여보까지 해서 사보(四寶)에 귀의하지 뭐. 여보님께 귀의합니다. 하하하."

"그런데, 여보는 한자로 어떻게 쓰지?"

"그야 '계집 녀'에 '보배 보'?"

"미쳤어? 그럼 마누라만 보배란 얘긴데?"

"알았어. 그럼……."

"아까 진여문 할 때 그 '여' 자가 맞겠네."

"그래, '같을 여(如)' 자에 '보배 보(寶)', 늘 보배 같은 존재가 여보(如寶)다 이거지. 여보?"

시간은 흐름을 멈추지 않으니

추사의 마지막 글씨라고 전해지는 '판전' 현판.

법당 옆의 건물은 선불당(選佛堂 · 서울시지방문화재 64호)이다. 부처를 뽑는 곳이란 선원을 뜻하는 말이기도 하지만 봉은사가 선종수사찰로서 승과고시를 치르는 도량이었음을 말해주는 것이기도 하다. 마루에 앉아 이야기를 나누는 사람들의 표정이 여유롭다. 지장전 뒤편으로 난 계단을 올라가니 작은 전각이 있다. 영산전이다. 앞에

노란 산수유가 피었다. 봉은사에서 가장 전망이 좋은 곳이다. 대웅전의 완만한 기왓골과 건너편 높은 빌딩들의 직선이 왠지 어울린다는 생각이 든다. 영산전에 모셔진 석가모니 부처님과 16나한님들(서울시유형문화재 228호)은 저 빌딩이 없을 때가 그리울지도 모르지만.

영산전 옆의 작은 전각 중간에는 '북극보전(北極寶殿)'이란 현판이 걸려 있다. 그리고 건물 안에 모셔진 칠성도가 서울시유형문화재 233호로 1886년 고종 23년에 그려진 것이란 안내판이 세워져 있다. 절하는 사람들로 전각 안은 비집고 들어갈 틈이 없다.

"야, 여기 계시는구나. 서산 대사님과 사명 대사님."

나팔수 씨는 영각 안을 들여다보고 안쪽에 모셔진 여러 고승들의 진영 가운데서 서산 대사와 사명 대사의 진영을 발견하고 반가워했다.

"그래, 이름 아는 분들이 계시니까 반가운거?"

부부는 서로 쳐다보며 유쾌한 웃음을 터뜨렸다.

미륵대불이 모셔진 곳을 지나 단아하게 서 있는 옛 건물 앞에서 지혜장이 합장삼배를 하자 나팔수 씨도 어정쩡하게 따라 허리를 수그린다.

"저 글씨 좀 봐. 추사체야. 추사 김정희 선생님이 마지막으로 남긴 글씨라지, 아마."

'판전'이란 글씨 옆의 '칠십일과병중작(七十一果病中作)'이란 글씨는 추사의 나이 71세에 병든 몸을 이끌고 썼다는 의미다. '과'는 추사가 말년에 과천에 살면서 호를 '노과(老果)'라고 했으므로 추사 자신을 의미하는 것이다.

판전(서울시유형문화재 84호)은 봉은사의 역사 가운데 으뜸가는 보배다. 거기 부처님

종루 앞 연못 가운데 자리 잡은 해수관음보살상.

의 법을 새긴 경판이 가득 들어 있기 때문이다. 판전은 1855년 남호 영기 율사와 추사 김정희 선생이 뜻을 모아 판각한 『화엄경 소초』 81권(서울시유형문화재 83호)을 모시기 위해 지은 건물. 그 뒤에도 다른 경전들을 판각해 모셔서 지금은 3천438점의 판본이 모셔져 있다. 평소에는 문을 열고 들어갈 수 없으므로 밖에서 구경할 수밖에 없다.

'흥선대원군불망비'라는 비석은 비각 안에 세워져 있고 그 옆에서는 '추사김정희 선생기적비'가 봄볕을 쬐고 있다. 앞쪽에는 낡은 종각과 새로 지은 종루가 있고, 다시 종루 앞에는 아담한 연못이 있고 가운데 해수관음보살상이 모셔졌다.

오래된 건물과 새로 지은 건물, 한 공간에서 시간은 그렇게 제 흔적을 남기고 있다. 빌딩 숲 속의 산사에는 어제와 오늘, 동서남북이 다 한 덩어리로 뭉쳐 있다. 천하가 한 그릇에 들어 있다. 선릉을 보호하기 위해 중창된 봉은사는 제도권의 관심으로 흥성했다가 제도권의 무관심으로 피폐된 역사도 가지고 있다.

그러나 21세기의 봉은사는 다양한 수행과 신행 프로그램으로 부처님 가르침대로 사는 지혜와 자비의 주인공 만들기에 분주하다. 시간은 흐름을 멈추지 않는다. 인간의 삶도 마찬가지다. 지혜장은 봉은사의 활기가 한국의 활력이라고 생각하며 남편에게 말을 걸었다.

"어때? 나름 구경할 만하지?"

"뭐, 그런대로. 근데 어딜 봐도 배경이 저 높은 빌딩들이란 말이야."

"그야 생각하기 나름이지. 세월이 변하고 있는데 절이라고 산에만 있을 수는 없으니까."

"그야 그렇지. 그런데 솔직히 나 같은 경우엔 절에 오는 게 부담스러운 면이 있어."

"부담? 뭐가?"

"아니, 생각해 봐. 우선 모르는 말이 너무 많아. 그리고 건물이나 그 안의 조형물들, 사람의 행동 하나하나에 다 의미가 있는데 그걸 모르는 사람은 오금이 저린다니까."

지혜장은 진여문을 향해 걸으며 투정부리듯 하는 남편의 말에 공감했다. 그리고 속으로 외쳤다.

'그래, 안다 그 심정. 그래서 내가 부처님께 약속했다. 당신과 전국의 절집을 기행하겠노라고.'

진관사

왕들이 줄줄이 찾아와
머리 조아리고 간 까닭은?

찻집 하나 있습니다.
옛 절집 마당가에 지붕 낮은 찻집 하나 있습니다.
달콤한 향기 언제나 가득하고
다정한 대화 그치지 않는
거기, 찻집 하나 있습니다.
내 마음 속 찻집 하나 마련하겠습니다.
언제나 문 열어 두겠습니다.
언제나 따뜻한 물 준비하고 향기로운 차
달여 놓겠습니다.
누가 와도 반갑습니다 누구든지 찾아오면
부처님께 공양 올리듯 차 한 잔 올리겠습니다.
천년고찰의 고즈넉한 풍경은 덤으로 드리겠습니다.
내 마음의 찻집,
당신의 행복한 법당이 되겠습니다.

진관사 가는 길은, 세 겹 문이다.
지하철 3호선 연신내역에서 은평경찰서를 지나면서 공사장을 만난다.
그리고 공사장을 지나면 문 하나 차이로 지옥과 극락이 바뀌듯 별천지가 나타난다.
그러니까 '구타운'의 문을 열고 '뉴타운'을 거쳐 솔숲과 계곡물의 '그윽한 풍경' 속으로 들어가서 진관사를 만나는 것이다.

분위기 좋은
찻집이 있다기에

봄날은 뿌옇다. 나른한 기분도 뿌옇고 황사 섞인 공기도 뿌옇다.

"뭐 재밌는 일 좀 없나?"

재미? 아침 겸 점심을 때우고 난 나팔수 씨가 '재밌는 일'을 찾아 킁킁거리며 집 안을 배회하는 동안 지혜장은 설거지와 청소를 마무리했다.

"이런 날은 분위기 죽여 주는 찻집에서 차라도 한 잔 마시는 게 어때?"

"나가는 건 귀찮고……. 집 나가면 개고생이라잖아."

"그러지 말고, 좋은 공기도 마시고 멋진 찻집에서 차도 마실 수 있는 곳이 있는데, 슬슬 나가 봅시다. 여보님."

벌써 몇 년 전부터 진행 중인 뉴타운 공사장은 뿌연 봄날을 더욱 뿌옇게 만들어 놓았다. 일부는 입주해 살기도 하지만 아직 공사 중인 단지도 있다. 은평 뉴타운.

진관사(津寬寺) 가는 길은, 세 겹 문이다. 지하철 3호선 연신내역에서 은평경찰서를 지나면서 공사장을 만난다. 그리고 공사장을 지나면 문 하나 차이로 지옥과 극락이 바뀌듯 별천지가 나타난다. 그러니까 '구타운'의 문을 열고 '뉴타운'을 거쳐 솔숲과 계곡물의 '그윽한 풍경' 속으로 들어가서 진관사를 만나는 것이다.

옛날에는 진관사만 해도 매우 깊은 산중의 고즈넉한 산사였을 것이다. 높은 산 깊은 골에 절 한 채 있어 세속의 일들을 잊고 사는 것 자체가 수행이 아닐까. 그 속에서 무슨 번민이 그리 많아 따로 수행을 해야 하겠는가 말이다. 고려 공민왕 때 문과에 급제해 벼슬길에 나서 조선 초기 태조 정종 태종 3왕을 섬긴 교은(郊隱) 정이오(鄭以吾 ·1347~1434)의 시 한 수가 진관사의 경치와 도량으로서의 가치를 잘 말해준다.

푸른 솔 잣나무가 연못가 다락을 감쌌는데

땅 깊고 하늘 아득한 곳에 골짜기 열려 있네

시내는 옥을 두른 듯 굽이쳐 흐르고

산은 구름이 솟은 듯 형세 높기도 하여라

스님 몰아낸 위나라 행패는 우스울 뿐이고

불법(佛法)에 미혹한 양나라의 일도 슬플 것 없네

시비가 전혀 없어 마음 저절로 바르게 되나니

누가 인연 깨친 사람이고 누가 여래이신가.

"진관사는 동쪽 불암사, 남쪽 삼막사, 북쪽 승가사와 함께 서울 근교의 4대 명찰로 꼽히는 절이래."

"이런 곳에 이런 절이 있다니 놀랍다."

편집이 잘못되어 갑작스럽게 장면이 바뀐 영화처럼 공사장을 벗어나 갑자기 울울

진관사 대웅전 내부.

창창한 솔숲과 맑은 계곡의 진풍경이 드러나니 나팔수 씨는 연방 감탄사를 날린다.

"여기 바위에 쓰인 글자들 보여?"

다리를 건너기 전 오른쪽 바위에 어지럽게 써진 한자들. 미신을 가진 사람들이 바위에 이름을 새기고 무병장수를 기원한 흔적은 계곡 어디서나 흔하게 보는 장면이다.

"선유동(仙遊洞)이라. 이건 사람 이름이 아니네. 신선이 놀았던 곳이란 뜻인가 봐. 옛날에는 여기도 꽤 깊은 산중이었겠지. 그런데, 신선만 놀고 선녀들은 안 놀았나? 옷

잃어버리고 못 올라간 선녀 하나 없나?"

"옆에 두고 어디서 찾으시나?"

깊은 역사
수두룩한 문화재

조금 전 땅에서 솟구쳐 오른 듯한 일주문을 거쳐 100m쯤 올라간 곳에 누각이 있다. 앞쪽에는 '진관사'란 현판이, 뒤쪽에는 '홍제루(弘濟樓)'란 현판이 걸렸다. 누각 앞에는 500살이 넘은 느티나무들이 서울시 보호수라는 팻말을 앞세우고 서 있고 그 아래는 계곡. 정이오의 시에 의하면 700여 년 전에는 느티나무가 아니라 소나무 잣나무가 무성했을 것이다. 숲도 세월을 따라 섭생의 인연을 바꾸는가 보다. 누각 앞에 절의 내력과 문화재를 소개하는 안내판이 세워져 있다.

"무슨 안내문이 이렇게 간단해? 와우, 이것 좀 봐. 1974년에 세운 건가 봐. 36년이나 된 안내판이니 이것도 문화재감이다."

진짜 놀라운 건지 비꼬는 건지 나팔수 씨의 속내를 알 수 없지만 지혜장은 대꾸하지 않고 안내판을 읽었다.

삼각산 진관사

이 절은 고려 현종(顯宗) 원년(C.E. 1010년)에 진관 국사(津寬國師)를 위하여 현종

왕이 창건(創建)하고 절 이름을 진관사(津寬寺)라 하였다. 조선 태조 6년(C.E. 1403년)에 국조선령(國祖仙靈) 및 수륙고혼(水陸孤魂)을 천도(薦道)하기 위하여 국가에서 수륙사(水陸社)를 설치하고 춘추(春秋)에 제향(祭享)하였다. 1950년 6·25동란 중 폭격으로 소실되어 폐허로 있다가 1964년 부임한 비구니 최진관 스님이 현재의 사우를 건립하여 옛 진관사의 모습을 회복하게 되었다. 1974년.

진관사 문화재

진관사 나한전 소조석가삼존불상 외

지정번호: 서울특별시 유형문화재 제143-149호

　　　　　서울특별시 문화재자료 제10-12호

시대: 조선시대

소재지: 서울시 은평구 진관외동 산1번지

진관사에는 나한전의 소조석가삼존불상 소조십육나한상 영산회상도 십육나한도를 비롯하여 독성각의 소조독성상, 칠성도, 독성도, 산신도, 칠성각의 석불좌상, 명호대사진영 등 조선 후기의 귀중한 문화재들이 많다. 이 중 나한전의 석가삼존불상은 흙을 빚어 만든 소조불(塑造佛)로서, 상체가 약간 긴 듯한 체구에 사각형에 가까운 얼굴, 단정한 이목구비, 활형의 눈썹과 우뚝한 코 등 17세기 전반기 불상의 특징이 잘 나타나 있으며, 16나한상은 연꽃과 부채, 붓, 용, 해태 등을 들거나 합장을 하고 등을 긁는 등 사실적이며 해학적인 모습이 친근한 느낌을 준다. 또한 영산회상도와 16나한도는 19세기 후반 황실 상궁(尙宮)

들의 시주로 조성되었는데 세밀한 필선과 정교한 문양, 금니(金尼)를 사용한 화려한 채색 등 왕실 발원 불화의 특징이 잘 표현되어 있다. 이밖에 북두칠성과 성군(星群)을 그린 칠성도와 산신도, 독성도 등은 조선 후기 민간신앙과 불교의 결합을 잘 보여준다.

누각 아래를 통과해 계단을 오르면 곧바로 절의 안쪽이다. 잘 손질된 잔디밭에 화강암으로 길이 만들어져 있고 정면의 대웅전 좌우로 크고 작은 건물들이 서 있다.

"이렇게 잔디마당을 중심으로 사방에 건물들이 서 있으니까 매우 안정적이고 편안한 느낌을 주는 것 같아."

"비구니 스님들이 얼마나 정성스럽게 절을 가꾸시는지 한눈에 알 만하네. 정말 깔끔하다. 모든 게."

대웅전에 들어가 삼배를 올리고 나와 왼쪽의 명부전과 나한전, 독성전, 칠성각 등을 차례로 둘러봤다. 나팔수 씨는 대웅전 뒤 화강암 계단으로 만들어진 숲과의 경계가 멋지다고 감탄했다. 돌계단 위로 구불구불한 소나무들이 서 있는 모습이 그대로 그림이다. 지혜장은 새로 보수되어 산뜻한 전각마다 들어가 삼배를 했지만 나팔수 씨는 안을 들여다보기만 하고 건물 옆에 세워진 문화재 안내판을 읽었다. 특히 칠성각 앞에 설치된 안내판을 유심히 읽었다.

칠성각에서 발견된 백초월 스님의 독립운동 사료

지난 2009년 5월, 칠성각을 해체 보수하던 중 백초월 스님의 1919년 당시 항일운동을 대변해 주는 태극기와 귀중한 독립운동 사료들이 발견되었다. 독립신문, 신대한신문을 비롯한 독립운동 사료들이 태극기에 싸여 있는 상태로 불단 안쪽 기둥 사이에 90년 동안 비장(秘藏)되어 있었던 것이다. 2010년 정부에서는 총 6종 20점에 이르는 이 사료들을 등록문화재로 지정하였으며, 〈진관사 태극기〉 특별전이 서울역사박물관에서 열렸다. 또한 KBS 1TV 3·1절 특집극으로 〈초월의 비장, 진관사 태극기〉가 방영되기도 하였다. 그동안 진관사와 학계는 백초월 스님의 생애와 독립운동을 조명하는 두 차례의 학술대회를 개최하여, 당시 진관사가 경성 지역 불교독립운동의 근거지였음을 새롭게 확인하였다. 현재 진관사에서는 백초월 스님의 독립운동 정신을 기리는 기념관 건립을 추진하고 있다.

지혜장이 각 전각 참배를 마치자 아까부터 하고 싶었던 말을 지금 꺼낸다는 듯 나팔수 씨가 입을 열었다.

"이 절에 멋진 찻집이 있다더니 안 보이네?"

"응, 저리 가면 있어."

부부는 잔디마당과 종이 들어 있는 동정각과 나가원을 지나 요사채가 있는 쪽으로 걸었다.

"이쪽으로 들어가도 돼?"

"저기 화장실이 있잖아. 볼일 좀 보고 찻집에 가자."

왕조를 초월해 왕들이 찾은 절

보현다실. 오래되어 낡은 한옥집은 지붕에 보호망이 덮여 있지만 고즈넉한 분위기를 자아낸다.
기둥이나 벽체는 옛날 그대로이고 창문도 따로 치장을 하지 않은 소박함을 그대로 살렸다.

보현다실. 오래되어 낡은 한옥집은 지붕에 보호망이 덮여 있지만 고즈넉한 분위기를 자아낸다. 기둥이나 벽체는 옛날 그대로이고 창문도 따로 치장을 하지 않은 소박함을 그대로 살렸다. ㄷ자형의 건물 마당에는 살아 있는지 죽었는지 싹이 나 봐야 알 것 같은 고목등걸이 있다. 작은 문을 열고 안으로 들어가니 찻집은 좁지만 깔끔하게 정리되어 있다. 아직 치우지 않은 무쇠 난로와 마룻바닥은 어릴 적 초등학교를 연상케 한다. 액자 같은 창문 너머 소나무들이 서 있다. 음악은 들릴 듯 말 듯.

"뭐 마실까?"

나팔수 씨가 부채에 쓰인 메뉴들을 훑어 보다 쌍화차를 시키고 창밖 풍경을 감상했다. 지혜장이 차분한 목소리로 말했다.

"이 건물, 낡았지만 이렇게 고쳐서 멋진 찻집으로 변신한 것처럼, 사람도 늙어서 더 멋진 모습으로 변신할 수 있다면 좋겠지?"

"그게 뭐 어렵나? 자기 하고 싶은 일 하면서 살면 되지. 단, 건강이 최고야. 아무리 좋은 일이 있어도 건강이 받쳐주지 않으면 다 꽝이지."

늙음의 시간이 바짝바짝 다가오고 있다고 생각하니 싫어졌다. 화제를 돌렸다.

"여보, 우린 드라마 안 보니까 그렇지만, 최근에 천추태후라는 사극이 있었어."

"그래 알아. 채시라가 천추태후로 나왔지. 근데 이 분위기에서 웬 천추태후?"

"그 천추태후와 이 절이 관련 있을랑."

"그래? 어떤?"

"그러니까, 천추태후(964~1029)는 고려 제5대 왕인 경종의 비(妃)였고 7대 왕인 목종의 생모야. 태후가 되기 전에는 헌애왕후였고. 암튼 남편 경종이 죽고 천추태후가 된 뒤 가짜승려 김치양과 정을 통했는데 이 소문을 들은 6대 왕 성종이 김치양을 유배 보냈대. 그런데 성종이 죽고 그녀의 아들인 목종이 18세의 나이로 왕에 오르니까 에미가 정치에 간섭을 하게 됐지. 무지 드센 여자였나 봐."

"가끔 그 드라마 보면 TV 화면에서 채시라 무지 억세게 나오더라고. 싸움도 잘하고 카리스마 눈빛 하며……."

"그런 여자가 권력을 차지했는데 애인을 유배지에 그냥 뒀겠어? 바로 콜했겠지. 유배에서 돌아온 김치양은 태후의 비호 아래 높은 자리도 얻고 아들까지 얻었는데, 항상 이런 일엔 자식이 변수잖아? 천추태후도 김치양의 아들을 낳은 뒤 그 아들을 왕위에 앉히고 싶어했지. 마침 목종은 아들이 없었걸랑."

"당근이지. 두 아들이 왕으로 있는 동안 자기가 얼마나 떵떵거릴 수 있을까 계산이 나오잖아?"

"그러니까 말이야. 하지만 목종이 후사를 태후의 아들이 아닌 헌정왕후의 아들 대량원군으로 낙점해 버렸지. 헌정왕후는 목종의 이모야. 그러니까 천추태후와 자매이고, 두 자매가 경종의 비였던 거야. 알지? 고려 초기 '온가족'이 다 '한가족'이었던 거."

"그래, 좀 우습지만 그때 왕실 사람들은 근친혼을 했지."

"당연히, 천추태후는 대량원군을 죽이고 싶었지만 그냥 죽일 순 없으니까 신혈사(神穴寺)라는 절에 유폐했는데, 기회를 봐서 죽이려 했던 거지. 그런데, 그 절에서 수도하던 진관(津寬) 스님이 그런 스토리를 다 알고 대량원군을 숨겨주지. 불단 밑에 굴을 파서 12살의 대량원군을 3년이나 보살폈대. 뭐, 그 사이 강조의 반란 같은 정쟁이 일어났고 결국은 대량원군이 고려 제8대 왕 현종이 된 거야. 목종은 궁에서 쫓겨나 길에서 죽었다지 아마."

"그래서 아까 본 안내판에 고려 현종이 진관 국사를 위해 창건했다고 적혀 있었구나. 그게 1010년이었다니까 올해로 꼭 천 년 된 거다. 그치? 암튼, 이 절 고려시대에는 무지 잘 나갔겠는걸?"

"그야 안 봐도 비디오지. 현종 말고도 뒤로 여러 왕이 직접 행차했다고 하는데, 조선시대에도 국가적인 주목을 받았어. 나라가 주관하는 수륙재를 지내는 절이었거든."

"그래, 조선 태조가 국조선령 어쩌고저쩌고 하는 어려운 안내문이 있던데 그 얘기구먼."

"맞아, 조선을 건국한 태조는 자기 때문에 죽어간 고려 왕족과 신하 그리고 군사들 때문에 맘이 찜찜했겠지. 민심도 불안정했을 거고. 그래서 즉위 6년에 이곳 진관사에 수륙사를 세우고 수륙재를 하게 된 거지. 아무래도 고려 때 많은 왕들이 다녀간 곳이니 태조의 마음을 달래기에 적합한 절이었겠지."

"근데, 수륙재란 게 뭔데?"

"글자 그대로 물이나 육지에서 떠도는 외로운 영혼이나 귀신들에게 부처님의 가르침을 들려주고 음식을 베풀어 모두 극락왕생하기를 기원하는 의식이야. 아무튼 진관사는 태조 이후에도 태종이나 문종, 숙종을 거쳐 철종 대에 이르기까지 왕실의 보호를 받으며 규모를 유지해 왔던 것 같아. 일제강점시대에는 항일운동의 근거지였다잖아?"

"요새도 수륙재 지낼까?"

부부는 거기서 찻집을 운영하는 보살님에게 구원 요청을 해야 했다.

"보살님, 요즘도 수륙재 하나요?"

"그럼요. 그동안에는 윤달이 든 해에만 했는데, 아마 올해부터는 매년 10월에 한 차례씩 봉행할 거예요. 그런데, 보살님은 진관사 역사를 많이 알고 계시네요."

"아, 이 사람, 절 박사예요. 절에 가라면 자다가도 벌떡 일어나요. 하하하."

찻집 보살님의 칭찬에 괜히 들뜨는 나팔수 씨. 그런 남편이 귀엽게 보이는 지혜장.

그러나 지혜장은 살짝 얼굴이 뜨거워졌다. 집을 나서기 전에 급하게 출력한 진관사 관련 정보들을 지하철에서 열심히 읽었다는 것은 비밀이기 때문이다.

수국사

황금법당에서 생로병사를 해결하라!

귀한 것일수록 버리라 했습니다
낮은 것이라고 함부로 하지 말라 했습니다
황금빛 찬란한 몸매로 오시는 부처님,
너무나 존귀하여 차마 바라보기조차 힘겨운
중생심을 어루만져 주시는 자애로운 미소
귀한 것도 천한 것도 다 공평해 버린 곳에서
절대자유의 몸짓으로 절대생명의 가르침으로 오시어
황금법당 한 채 지으셨습니다.
목탁새 포르르포르르 날아다니는 풍경 속에
찬란한 황금법당 한 채 지으셨습니다.
마음을 낮출수록 높아지는 자비.
자세를 낮출수록 높아지는 지혜.
내 삶의 모든 시간과 공간을 낮고 낮게 귀의하오니
삼천대천세계 일체 제불의 공덕 높고 높게 장엄하시길.

우리나라에도
황금절이 있다?

"1등만 기억해 주는 더러운 세상!"

개그 프로그램에서 뜨는 말이다. 어느 분야에서나 1등을 하기란 쉽지 않다. 1등을 위해서는 남다른 노력이 필요하다. 1등을 하면 그에 상응하는 대가도 주어진다. 그러나 1등은 언제나 한 사람만이 차지하는 금메달이다.

1등의 가치는 올림픽에서 가장 확실하게 드러난다. 금메달. 금메달에 대한 관심이 올림픽을 지배한다. 2010년 봄, 별 재미도 없는 한반도를 들뜨게 했던 것은 캐나다에서 열린 동계올림픽이었다. 의외의 선수들이 미친 듯이 금메달을 따내는 통에 온 나라의 시선이 TV 앞에 꽂혔다. 김연아의 금메달이 그 절정이었던 것은, 두말하면 잔소리.

"동계올림픽 끝나니까 별 재미가 없어."

"그래, 올림픽이나 월드컵 축구나 팍팍한 세상 살아가는 데 큰 힘을 주는 것 같아."

나팔수 씨와 지혜장 부부는 스포츠에 별 관심이 없지만 올림픽 같은 큰 경기는 놓치지 않는다. 세상이 다 흥분해 날뛰는데 아무 것도 모르고 살 수는 없으니까. 지혜장이 나팔수 씨를 은근히 찔러본다.

"금메달의 축제를 회상하면서 황금으로 된 절 한번 구경하고 올까?"

"황금 절? 우리나라에 그런 절이 있단 말이야?"

화려함과 웅장함, 그 속의 풍경들

국내에 하나밖에 없는 황금법당을 가진
수국사(守國寺). 서울시 은평구 갈현동에 있
다. 서오릉으로 넘어가는 고갯길 못 미처 왼
쪽 방향 택시회사 옆 골목으로 100m쯤 들
어가면 정문이 나온다.

"와, 진짜 황금이네."

아파트와 빌라들 사이로 난 좁은 골목 끝에서
나팔수 씨의 감탄사가 터진다. 진짜 황금 절이 눈
앞에 떡 하니 나타난 것이다. 서울에 살면서 서울
에 이런 절이 있다는 것을 왜 몰랐지 하는 눈치다.

"오래전에 TV에도 한번 나왔을걸? '세상에 이런
일이'였던가 'VJ특공대'였던가 뭐 그런 프로그램에 소개된 것 같아."

오전 햇살을 받아 눈부시게 빛나는 황금법당. 도시 절이라서 그런지 들어가는 입구에 별로 재미없이 지어진 건물과 화장실이 버티고 서 있다. 그 사이로 난 길이 황금법당으로 가는 길. 잠깐 둘러보았는데 절의 역사를 알리는 안내판이 없다. 절 안에 약수터가 있는지 물통에 물을 가득 담아 내려오는 사람들이 보이고, 간편한 등산복을 입은 아주머니 아저씨들이 절 뒤편으로 난 등산로를 따라 올라가기도 한다.

"그런데 저 건물, 전부 순금을 바른 거야?"

"왜? 좀 벗겨 가려고?"

"저게 벗겨지기나 하겠어? 그리고, 나 벗기는 데 별로 소질 없는 거 잘 알잖아."

"으이그 화상! 절에서 망측스러운 소리 하면 벌 받아."

"얼른 올라가 보자고."

부부는 황금법당 앞에서 심호흡을 길게 하고 경내를 한번 휘둘러본다. 수국사의 공간은 두 구역으로 나뉘어 있다. 위쪽에는 찬란한 황금법당(대웅전)이 높은 누각처럼 당당히 서 있고 그 옆 구부러진 소나무 아래에 부처님의 초전법륜 상황을 묘사한 조각이 있다. 아래 구역은 종무소와 팔각의 지장전, 미륵불 입상과 유리로 지은 미륵전, 작은 조립식 하우스로 된 산신각, 연못으로 조성된 용왕전, 야외에 모셔진 지장상 등으로 이루어졌다.

"안 들어가?"

황금법당의 외곽을 한 바퀴 둘러본 나팔수 씨가 안쪽이 궁금한지 먼저 신발을 벗는다. 법당의 외곽은 어느 한 구석 남김없이 황금색으로 칠해져 있다. 물론 순금은 아니고 금색 도료를 칠한 것이다. 지혜장은 순간적으로 '아마 남편이 좀 실망했을지도 모른다'는 생각이 들었다. 외벽의 칠이 순금이 아닐 뿐 아니라, 그 나름 웅장해 보이는 기둥도 나무가 아니라 시멘트 냄새를 풍기고, 5층이나 짜 올린 공포에서도 정교한 목수의 솜씨가 보이지 않기 때문. 멀찍이서 볼 때는 찬란하던 황금법당인데, 막상 곁에서 보니 그다지 큰 감동이 없다. 더러 칠이 벗겨진 곳도 눈에 들어왔다. 그러나 지혜장은 마음을 다잡았다.

'이것이야말로 분별심일 터. 그놈의 분별심 때문에 황금법당이라는 이름과 형색에 팔려 법당의 본질을 볼 줄 모르는 청맹과니가 되는 것이다.'

법당의 안쪽도 어김없이 황금 칠이다. 앞쪽에는 웅장한 부처님이 다섯 분이나 앉아 계시고 그 사이에는 보살님들이 앉아 계신다. 천장에는 용의 몸통을 형상화한 전통등(傳統燈)이 화려하게 걸려 마치 한 폭의 운룡도(雲龍圖)를 그려 놓은 것 같다.

"절부터 해야지?"

법당 안쪽을 이리저리 살피는 남편의 옆구리를 찌르며 지혜장은 좀 주눅이 드는 기분이었다.

'아, 망상이여. 지극한 맘으로 삼배를 올려야 하는데…….'

황금의 기둥 옆에 선 부부는 황금의 바닥에 이마를 조아리며 삼배를 했다. 지혜장은 갑자기 '우린 4배하기로 했는데……' 하는 생각이 들어 얼른 속으로 '석가모니불 정근'을 했다.

"부처님들을 많이 모셨네?"

지혜장이 조용히 앞으로 걸어가니 남편도 따랐다. '저 화상, 앞쪽에는 진짜 순금을 발랐는지 궁금해할는지 몰라.' 그러나 지혜장은 불단의 부처님과 보살님들이 어떤 분인지 궁금했을 뿐이다. 다행히, 근엄하고 원만하고 아름다운 불보살님들 앞에 이름

법당의 안쪽도 어김없이 황금이다.
불단에는 왼쪽부터 약사여래불 석가모니불 비로자나불 노사나불 아미타불이 모셔져 있다.
부처님들 사이에는 왼쪽으로부터 관세음보살님과 보현보살님이 모셔져 있고
그 옆에는 유리곽 안에 석가모니 부처님이 모셔져 있다.

표가 붙어 있다. 왼쪽부터 약사여래불 석가모니불 비로자나불 노사나불 아미타불이 모셔져 있다. 부처님들 사이에는 왼쪽으로부터 관세음보살님과 보현보살님이 모셔져 있고 그 옆에는 유리곽 안에 석가모니 부처님이 모셔져 있다. 오래된 부처님이라 유리로 보호하는 듯했다. 그 옆에는 문수보살님이 자리했다.

"일본에도 황금 절이 있지 아마?"

법당 문을 나온 나팔수 씨가 멀리 촘촘히 박힌 집들을 응시하며 한마디 던졌다.

"그래, 있지. 금각사(金閣寺)라고."

금각사의 일본 이름은 킨카쿠지. 미시아 유키오라는 소설가의 장편소설로 더 유명해진 절이다.

"그 절은 순금이라는 것 같던데……."

"아따, 그 양반. 오늘따라 왜 이렇게 순금에 집착하시나? 어릴 때 짝사랑한 계집애 이름이 순금이나 금순이었나?"

"동남아 쪽에도 황금사원이 더러 있다는데 당신 그것도 알아?"

"뭐, 대충."

캄보디아 앙코르와트에 황금사원이 있고, 미얀마 양곤의 쉐다곤 파고다는 세계적으로 유명하다. 스리랑카 담불라의 황금사원은 2천200년이 넘었다. 인도 북부지역 푼잡이란 곳에 있는 황금사원은 400㎏에 달하는 황금을 덮어 씌웠다고 전해진다. 또 이스라엘에도 황금으로 된 이슬람 사원이 있는데, 예루살렘 구시가지에서 가장 높은 산(성전산 · Temple mount)에 있는 바위사원이 황금 지붕을 하고 있다. 부처님의 존귀함과 귀의하는 중생의 지극함을 가장 값지게 표현한 것이 황금사원일 것이다.

'초전법륜' 조형물 앞에서 놀고 있는 아이들도
'법문'을 듣고 있을까?

부처님의 첫 설법을 듣다

황금법당 옆에는 아주 특이한 조형물이 있다. 구부러진 소나무를 병풍처럼 배경 삼아 석가모니 부처님이 다섯 비구에게 설법을 하는 장면이다. 이른바, 녹원전법상 (鹿苑傳法相).

"뭔가 진지한 분위기다 그치?"

"응, 이건 다른 절에 별로 없는 조각상이야. 부처님께서 깨달음을 이루시고 제일 처음으로 다섯 비구를 찾아가 첫 설법을 하시는 장면이야. 이 다섯 비구는 부처님과 함께 수행하다가, 부처님이 몸을 괴롭히는 고행을 그치고 보리수 아래서 선정에 들기 전에 수자타에게 우유죽을 공양 받아 드시는 것을 보고 '고타마가 타락했다'며 부처님을 떠났던 사람들이지."

부처님은 깨달음을 이루고 나서 이 위대한 가르침을 중생계에 설(說)할 것인가 말 것인가를 고민했다. 결국 설하기로 결심하고는 누구에게 먼저 설할까를 또 생각했는데 그때 이 다섯 비구에게 첫 설법을 하기로 하고 먼 길을 걸어 바라나시의 녹야원에서 다섯 비구를 만나 첫 설법을 했다. 그 다섯 비구는 부처님을 비난하면서 떠났는데, 그들을 찾아갔다는 것은 그들에 대한 원망이 없는 여래의 마음을 드러낸 것이기도 하다. 물론 그들은 부처님의 설법을 듣고 그 자리에서 깨달음을 얻어 첫 번째 제자가 됐다.

"그건 그렇고, 그 첫 설법이 뭔지 궁금해지네. 아무래도 그 첫 설법이 불교의 주요한 사상이거나 교리의 기본일 것 같은데 말이야."

"와, 당신. 잘 알아들으시네? 첫 설법의 내용은 사성제(四聖諦)와 팔정도(八正道)였고, 그것이 부처님 가르침의 핵심이지. 네 가지 성스러운 진리라고 하는 사성제는 흔히 '고(苦)·집(集)·멸(滅)·도(道)'라고 하는데, 괴로움에 관한 성스러운 진리, 괴로움의 발생에 대한 성스러운 진리, 괴로움의 소멸에 대한 성스러운 진리, 괴로움의 소멸에 이르는 길에 관한 성스러운 진리라고 해석해. 좀 어려우신가요?"

"그래, 좀 헷갈리고 어렵다."

"당연하지. 그러나 잘 생각해 봐. 괴로움이란 다른 게 아니라, 태어나고 늙고 병들고 죽는 것에서 미운 사람은 만나고 좋은 사람은 못 만나는 것, 사랑하는 사람과 헤어지는 것, 구하는 것을 얻지 못하는 것 등등이지. 왜 괴롭겠어? 뭔가에 집착하니까 괴로운 거야. 그러면 집착하지 않으면 되겠네? 그 방법은 무엇일까? 그것이 바로 괴로움의 소멸에 이르는 성스러운 진리야."

"그러니까 그게 핵심인데 그게 뭐냔 말이지."

"아까 말한 팔정도, 여덟 가지의 바른 길이야."

여덟 가지의 바른 길은 정견(正見·바로 보라), 정사유(正思惟·바로 생각하라), 정어(正語·바른 말을 하라), 정업(正業·바르게 행동하라), 정명(正命·바른 생활을 하라), 정정진(正精進 · 바르게 노력하라), 정념(正念 · 바른 의식을 가지라), 정정(正定 · 정신을 바르게 지니라)이다. 이렇게 여덟 가지를 팔정도라고 한다.

"역시 불교는 어려워."

"아냐, 뭐든지 어렵다고 생각하는 한 영원히 어렵고 그렇지 않다고 생각하면 쉽게 알아차릴 수 있어. 내가 나중에 다시 설명해 줄게. 오늘은 그런 게 있다는 것만 알자. 아참, 당신 그거 알아?"

"뭘?"

"당신 이름이 왜 팔수인지?"

"뭐, 두 가지 설이 있지. 하나는 아기 때 밥시간만 되면 정확히 울어 나팔수 같다고 해서 지었다는 설이고, 또 하나는 아버지께서 뭐든 남보다 잘하라고 그렇게 지으셨다는 설이지. 뭐 당연히 두 번째 설이 정설이겠지만."

"그런 게 아니고, 당신 이름의 팔이란 숫자가 바로 팔정도의 팔이란 말이야. 여덟 가지가 빼어나다는 것은 팔정도의 삶을 잘 살아간다는 뜻이니까, 앞으로 알아서 해."

"헐~."

목탁은 있는데 목탁새는 어디에

부부는 조용히 걸으며 얘기를 나눴다. 어느새 미륵전 앞을 지나고 있었다. 미륵전에서 삼배를 하고 나온 부부는 마당을 건너 지장전 앞으로 갔다. 마침 지나가는, 종무원인 듯한 사람에게 지혜장이 물었다.

"저기요, 수국사 하면 목탁새가 유명한데 어디 있나요?"

"아, 네. 요즘은 목탁새가 없어요. 몇 년째 안 보인다는군요. 목탁은 저기 저렇게 있는데⋯⋯."

종무원이 가리키는 지장전 추녀 밑에는 둥그런 목탁이 하나 매여 있었다. 목탁새가 상반신을 드러내 놓고 있는 사진에서 본 그 목탁이다.

"아, 그렇군요. 그런데 절을 안내하는 안내판은 없나요?"

순간 종무원은 좀 망설이는 듯하더니 말을 꺼냈다.

"있었는데 지금은 없어요. 종무소에 오시면 안내문을 드릴게요."

종무원은 묘한 여운을 남기고 종무소로 갔다.

지혜장은 종무소에서 '수국사 소개'라는 제목의 A4용지 한 장을 받아 읽고서야 이상한 여운에 대한 궁금증을 풀 수 있었다. 깨알같이 적힌 안내문에서 수국사의 역사와 최근의 내부적 갈등이 언뜻 비친 것이다. 그러나 새롭게 변모하는 수국사의 기운은 봄빛처럼 화사하고 밝았다. 입구에 걸린 불교대학 개강 안내라든가 성지순례 안내 표지판들이 살아 움직이는 수국사의 힘줄이고 맥박소리였던 것이다.

미륵전 건립 불사에 동참해야겠다고 생각하는 지혜장을 향해 나팔수 씨가 한마디 던졌다.

"여보, 오늘은 못 봤지만 목탁새는 반드시 다시 올 거야."

"오우~, 기특한 내 남편. 감사 또 감사⋯⋯."

화계사

꽃 한 송이 피어
세상을 향기롭게 하다

세상은 한 송이 연꽃입니다.
수천 수만 수억 송이 연꽃 만발한 연못입니다.
한 송이 속에 무량한 꽃 피어 있고
헤아릴 수 없이 많은 꽃은 다시
한 송이로 피어 있습니다.
몸이 큰 생명도 한 송이
몸이 작은 생명도 한 송이
모두가 한 송이이면서 한 송이가 모두입니다.
아직 피지 못한 꽃 너무나 많은 세상이지만
피지 못한 꽃 속에도 활짝 필 기운이 들어차 있음을
팔만사천 법문으로 가르치셨으니
그 가르침에 오롯이 귀의하여 눈 뜨고 싶습니다.
법향(法香)의 문 활짝 열고 싶습니다.
온 중생의 행복이 꽃으로 피는 그날까지.

하버드에서 화계사까지

"큰스님, 지금껏 사랑에 빠진 적이 있으세요?"

한 제자가 여쭈었다.

"물론이지!(대중 크게 웃음) 언제나 아리따운 분들을 생각해. 절대 잊은 적이 없어. 늘 그래!"

"정말 특별했던 분이 있으셨어요? 가슴이 터질 것 같이 큰스님의 마음을 송두리째 빼앗은 분이요."(대중 웃음)

"특별했던 분? 있지. 누군지 가르쳐 줄까?"

"네, 괜찮으시다면요." 제자가 말했다.

"관세음보살님! 허허허 아주 멋진 분이야! 얼굴도 예뻐, 하고 있는 목걸이도 예뻐, 입고 있는 옷도 예뻐, 다 예뻐!(대중 웃음) 너도 관세음보살님이 좋으냐?"

『부처를 쏴라』 현각 엮음, 김영사, 189쪽

"거, 책이 재밌네. 참선이 뭔지 막연했는데 뭔가 짚이게 하는 것 같아."

나팔수 씨가 지혜장이 읽고 꽂아둔 책을 며칠 뒤적이더니 책거리로 한 말이다. 그걸 그냥 놓칠 지혜장이 아니다.

"그 책 나도 재밌게 읽었어. 그 현각 스님, 하버드의 공부벌레가 청바지 차림으로 한국까지 찾아와서 숭산(崇山 · 1927~2004) 스님께 귀의한 것으로 유명한 분이야."

"알아, 이 책(부처를 쏴라) 말고 전에 낸 책도 대박이었지. 그 책 우리 집엔 없어?"

"있었는데 친구가 가져가서 아직 안 돌려주네. 그나저나 당신, 그 책을 읽고 뭔가 짚이는 게 있다면 이번 주말엔 화계사(華溪寺)로 가야겠군."

"……."

세계를 누비던 큰 산, 숭산 스님

복닥거리는 시내의 길이 끝나고 산길이 시작되는 곳에 절이 있다. 절은 그렇게 자연과 사람 사이에서 자연과 사람을 소통시켜 준다. 그것만으로도 절이 있는 의미를 다하는 것 같다. 사람과 산의 경계에 있는 절은 세속의 고통과 오만을 어루만지는 것이다. 절과 세속의 경계는 일주문이다. 화계사 일주문은 영락없이 세속과 탈속의 경계다.

"저건 무슨 비석일까?"

"저 아래 있는 것은 절의 역사를 적은 사적비 같아. 그 위는 부도밭이야."

"부도밭?"

"스님들이 입적하시면 유골을 넣어 탑을 만드는데 그게 부도야. 부도를 모아둔 곳이 부도밭이고."

"아, 난 또, 이 절에서 부도 농사를 짓나 했지."

"그래, 그 무식 앞에 무릎을 꿇고 싶어지네."

법회가 있는 날인지 절 마당에는 승용차가 가득했다. 스피커에서는 스님의 법문이 꽝꽝 터져 나오고 있지만 처음부터 듣지 않아서 무슨 뜻인지 알아들을 수 없었다. 부부는 부도밭으로 갔다. 농사 지으러? 천만에.

모두 네 기의 부도가 세워져 있다. 아주 격조 있는 짜임새와 화려한 문양의 부도가 두 기 있고, 부도라기보다는 무슨 '현충탑' 분위기를 풍기는 권위적인 부도가 세워져 있다. 그 옆에 있는 부도는 둥근 호떡을 쌓아둔 것 같은 모양이다. 지혜장은 호떡같이 생긴 탑 앞에 서서 삼배를 올렸다. 생전에 몇 번 법문 들었던 기억을 떠올리며.

"오, 숭산 스님 이름이 새겨져 있네. 관세음보살과 사랑에 빠졌다던."

"조용히 해. 여기서는 떠들면 안 돼. 당신 국립묘지 가서도 그렇게 떠드냐?"

"쏘리, 쏘리~. 그런데 숭산 스님, 참 멋있는 분이었던가 봐. 살아생전 그렇게 여러 나라의 젊은이들을 스님으로 만드시고, 돌아가셔서는 또 이렇게 독특한 모양새의 부도에 들어가 계시니 말이야."

"스님의 해외포교 업적은 누구도 추월할 수 없을걸?"

숭산 스님은 1966년 일본으로 건너가면서부터 해외포교를 시작했다. 1972년 미국에 홍법원을 개설한 뒤로 세계 각국에 선 센터를 세웠고 순회하며 법문했다. 물론 제자들도 많이 두었는데 스님의 법문에 매료되어 학업과 직장을 때려치우고 불문으

모두 네 기의 부도가 세워져 있다. 아주 격조 있는 짜임새와 화려한 문양의 부도가 두 기 있고,
부도라기보다는 무슨 '현충탑' 분위기를 풍기는 권위적인 부도가 세워져 있다.
그 옆에 있는 부도는 둥근 호떡을 쌓아둔 것 같은 모양이다.

로 달려온 사람도 적지 않았다. 세계 32개국에 120여 선원을 설립했다.

"다만 알지 못함을 알면 이 곧 견성이다(但知不會 是則見性). 소크라테스의 말과 통
하는 구절이네."

나팔수 씨가 숭산 스님의 은사인 고봉 스님의 부도, 현충탑처럼 생긴 조형물의 한
면에 새겨진 구절을 읽으며 낮은 목소리로 말했다. 소크라테스가 사람들에게 "너 자
신을 알라"고 하니까 누가 "그럼, 당신은 당신을 아시오?" 하고 물었다. 소크라테스
는 "모른다. 그러나 나는 내가 모른다는 것을 안다"고 답했다는 이야기를 떠올린 것
이다.

고봉 스님은 성격이 강직하기로 유명하다. 그래서 누구에게도 칭찬을 하지 않았고 또 섣불리 법을 말하는 사람을 인정하지도 않던 도인이었다. 그런데 숭산 스님은 그 높고 높은 봉우리[高峰]를 넘었다. 숭산 스님이 고봉 스님에게 인가를 받은 일화가 전한다.

고봉 스님이 물었다.

"쥐가 고양이 밥을 먹다가 고양이 밥그릇이 깨졌다. 이게 무슨 뜻인가?"

숭산 스님이 질문을 받고 곧바로 대답을 했는데, '아니다'라고 퇴짜를 놓았다.

나중에 마음이 열려 대답을 하니까 법을 인가하면서 "너의 법은 세계에 널리 퍼질 것이다"라고 했다. 이미 스승은 제자의 앞날을 뚫어보신 것이다.

일주문에서 약간 왼쪽으로 웅장하게 서 있는 건물, 대적광전이다. 세계 각국에서 온 스님들과 사부대중이 더불어 참선수행을 하는 곳이 대적광전 국제선센터이다. 세계에 널리 퍼진 숭산 스님의 법이 한국에서 연꽃으로 피어나는 공간인 셈이다.

두 임금을 배출한 화계사의 인연

"현판이 대웅전이니 석가모니 부처님을 모신 곳이겠네?"

나팔수 씨가 대웅전 계단 아래에서 아는 체했다.

"좋아요, 아~주 좋아요. 여보님, 그렇게 하나하나 배우고 배우면 언젠가 부처가 됩니다."

천불오백성전의 오백나한상은 친일행각을 했던 최기남이 자신의 행위를 참회하면서 조성했다.

부부는 대웅전에서 삼배를 하고 부처님을 향해 나란히 앉았다. 금실 좋은 부부가 함께 있는 것만으로도 보는 이에게 행복감을 전해주는데, 나란히 부처님께 절을 하고 편안하게 앉아 도란도란 얘기를 나누는 장면은 그대로 한 폭의 그림이다.

화계사 대웅전(서울시지방유형문화재 제65호)은 1866년 고종 3년에 용선 스님과 초암 스님이 화주가 되어 중건했다. 화계사는 1522년 중종 17년에 신월(信月) 선사에 의해 창건된 것으로 전한다. 하지만 화계사의 역사는 고려 광종 때의 고승인 법인(法

印) 스님에게서 시작된다. 법인 스님이 지금의 화계사 부근에 보덕암을 짓고 수행했다는 기록에서 그 연원을 찾기 때문. 그러니까 화계사의 역사는 법인 스님의 보덕암에서 시작됐고 신월 스님이 자리를 옮겨 크게 지으면서 화계사란 이름으로 바꾼 것이다. 그 후 화재를 당하고 다시 지어지기를 거듭하면서도 절의 규모를 지켜온 것은 왕실과 막역한 관계를 유지해 왔기 때문이다.

선조의 아버지인 덕흥대원군(이분이 조선조 대원군의 원조)이 수락산 흥국사와 함께 화계사를 보호해 아들이 왕이 되고 가문도 부흥했다고 한다. 당시 화계사에서는 범패를 잘하는 스님들이 많이 배출되었고 흥국사에서는 불화(佛畵)를 그리는 불모들이 많이 배출되었다.

고종의 아버지 흥선대원군도 절을 중수하는 공덕주가 되었는데 부인 민 씨의 외가가 화계사를 원찰로 정하고 정성을 올렸던 인연에 의해서다. 대원군이 화계사의 스님으로부터 비방(秘方)을 전해 받고 아들을 왕으로 등극시켰다는 이야기가 전해지기도 한다. 명부전의 현판과 주련, 화장루에 걸린 화계사라는 현판이 대원군의 글씨다. 추사에게 서법(書法)을 배웠다는 대원군의 작품답게 힘이 있다.

"그러니까, 이 절이 조선시대에 두 명의 왕을 배출했단 말이지? 거 참 묘하다. 선조나 고종이나 앞의 임금이 아들이 없어서 졸지에 왕이 된 분들인데, 그 배경에 아버지가 있고 그 아버지에겐 부처님 백이 있었다는 게 공통점이네. 그런데 그 임금들은 부처님께 잘 보이지 못한 것 같다."

"왜?"

"생각해 봐, 선조는 임진왜란으로 조선의 임금 중에서 가장 고생을 많이 했잖아.

고종도 멸망해 가는 왕조의 끝에 서서 제 뜻대로 되는 일도 별로 없이 불행한 나날을 보냈고. 먹고 자는 궁(宮)도 이리저리 옮겨 다니고 주변국들의 압력에 시달리면서 말이야."

"여보님 말씀을 듣고 보니 그런 공통점이 있네. 그러니까 부처님 믿는 마음은 한결같아야 해."

웰빙 시대를 선도하는 할배들

홍선대원군의 글씨 현판이 달린 명부전 내부는 그리 넓지 않았다. 가운데에 지장보살님이 모셔져 있고 좌우로 시왕(十王)상이 도열해 있다. 부부는 들어가 삼배를 하고 곧바로 나왔다.

"역시 명부전은 무서워. 우락부락한 아저씨들이나 수염을 길게 늘어뜨린 할배들이 사람의 기를 팍 꺾어 버린다니까."

"사람이 죽어서 심판을 받는 곳이니까 그렇지. 염라대왕님 봤어?"

"아니 누가 누군지 알 수가 있어야. 그냥 살벌한 분위기에……."

"그러니까 죄 짓지 말고 살면 되잖아. 날마다 술 마시고 비자금 꼬불치고 그렇게 살면 나중에 저 신장님과 염라대왕에게 혼난다고."

"당신이 절에 열심히 다니고 기도 많이 하니까 좀 봐주지 않을까?"

"아무리 그래도 자기 죄는 자기가 갚는 거야. 내가 밥 먹으면 여보님 배가 부르냐?"

흥선대원군의 친필 현판이 걸린 명부전은 고종 15년에 건립되었다.

화계사 명부전 안의 시왕상은 황해도 강서사란 곳에서 모셔왔다. 명부전은 1818년, 그러니까 고종 15년에 지어졌고 그 전 해에 시왕상을 모셔왔다. 이 시왕상을 모시기 위해 명부전을 새로 지은 것이다. 시왕상은 나옹 스님이 직접 조성했다는 설도 있지만 신빙성은 약하다.

"황해도에서 화계사로 오시지 않았다면 지금 어떻게 됐을지 알 수 없겠다 그치? 저 할배들은 잘생긴 덕분에 이리저리 옮겨 다니긴 했지만 지금은 대한민국에서 매일 좋은 공양을 받으시는 거야. 그러니까 사람은 일단 인물이 받쳐줘야 한다고."

"그래, 꿈보다 해몽이지."

화계사 삼성각은 산신, 칠성, 독성을 모신 전각이다.
삼성 신앙은 불교와 토속신앙이 결합된 것이다.
산신은 산을 관장하고,
칠성은 북두칠성으로 인간의 수명을 다스린다.
독성은 혼자 수행해 깨달음을 얻은 나반존자다.

대웅전 뒷마당을 지나면 왼쪽으로 두 개의 건물이 있다. 뒤편이 삼성각이고 앞쪽은 천불오백성전. 삼성각(三聖閣)으로 향했다. 삼성을 모시는 신앙은 우리의 토속신앙과 불교가 결합된 것인데, 삼성이라 하면 산신과 칠성신, 독성을 말한다.

우선, 산신은 산신각에 따로 모시기도 하는데 산신령님을 생각하면 된다. 그래서 호랑이를 데리고 다니기도 하고 호랑이가 산신으로 표현되기도 한다.

칠성님은 북두칠성 신앙의 주인공이다. 오래 살기를 기원하는 신앙인데 중국의 도교에서 영향을 받은 것으로 보인다. 칠성각에는 치성광여래를 모시고 좌우에 일광보살과 월광보살을 모신다. 그러니까 북두칠성이 인간의 수명(壽命)을 좌우하는 중심신이고 그 옆에 해와 달이 보살로 표현되는 것이다.

독성은 홀로 수행해서 도를 얻은 분이라 하여 독수성(獨修聖)이라고도 한다. 독성은 나반존자를 일컫는데 절에 따라 독성각을 지어 나반존자가 천태산에서 수행하여 도를 이루는 장면을 그림이나 조각으로 표현한다.

"저 위쪽에 삼성암이라는 절이 있는데 그 절의 독성각이 엄청 유명해. 거기서 기도하여 소원성취한 사람이 그렇게 많다는 거야."

"뭐, 그럼 당연히 우리도 삼성암 가자고 하겠네?"

"당연."

"와, 여기 할배들은 완전 웰빙주의자다."

삼성각 문을 열자마자 나팔수 씨가 무척 놀라는 눈치다. 안에는 정면에 세 개의 단이 있고 단 위에 산신도 칠성도 독성도가 모셔져 있는데, 그 아래 불단에 쌀 포대와 오이 당근 미나리 등 채소들이 잔뜩 올려져 있어서 나팔수 씨를 기절 일보직전으로 몰고 간 것이다.

"아까 말했잖아. 인간의 수명을 관장하는 칠성님이나 혼자 수행하신 독성님 그리고 산에만 사시는 산신님. 그런 분들께 정성을 올리려면 당연히 과일이나 채소 같은 것이 좋겠지."

"절이나 하자. 여보는 우리 오래 살게 해 달라고 빌어. 나는 산신령님께 금도끼에 로또 번호 좀 새겨 달라고 빌 테니까."

"여보님과 오래 살게 해 달라고? 그러고 싶을까?"

축원방에 매달린 소원지들.
다라니기도를 하고 소원지를 써서 달면 매월 초3일에 소지한다.

참회 그리고 소원 빌기

이곳 천불오백성전은 음력 초하루부터 초삼일까지 3일 동안 신도님들이 신묘장구
대다라니를 독송하며 기도를 올리는 기도처입니다. 다라니 기도는 화계사에 오시는
분이면 누구나 참여하실 수 있습니다. 기도에 동참하시고자 하는 분은 아래 신청란
에 신청하시면 됩니다.

천불오백성전 오른쪽 출입문 옆에는 다라니기도를 안내하는 현수막이 붙어 있다. 매월 음력 초하루부터 사흘간 자유롭게 동참하여 기도를 한다는 내용. 지혜장은 아이디어가 참신하다는 생각을 했다.

법당 안에는 절을 하는 신도들이 대여섯 명 있었다. 부부는 다른 전각들에서처럼 삼배를 하고 나왔다. 나오면서 나팔수 씨는 불단 앞으로 다가가 오백나한상을 열심히 살펴봤다. 한 뼘이 조금 넘을 것 같은 키에 저마다 다른 형상을 하고 있는데, 어떤 분들은 매우 해학적이기도 하지만 전체적으로 분위기가 묵직하다. 돌로 조성했기 때문만은 아닌 듯싶은 무거운 분위기.

"어째, 나한님들이 다들 심각한 표정이셔."

"당신도 그렇게 느꼈어? 나도 좀 그랬거든."

"법당 분위기가 근엄한 탓이겠지 뭐."

"아냐. 내가 무슨 자료에서 봤는데 여기 오백나한님들을 조성하신 분의 마음이 투영된 것일 거야."

화계사 천불오백성전에 모셔진 오백나한상은 친일행각을 했던 최기남이란 사람이 조성한 것이다. 그는 함경북도 경성 출신인데, 친일 단체로 유명한 일진회의 함경북도 지회장을 맡았던 적극분자다. 러일전쟁 관련 업무 등 많은 일을 했고 직급도 꽤 높았는데 어느 날 일을 그만두고 금강산으로 들어갔다. 그리고 불교 공부를 했는데 공부만 한 게 아니라 나한님이나 불상 조각도 열심히 했던 것.

"그러니까 젊은 날의 행동들을 반성하면서 불교에 귀의하고 자신의 죄를 씻는 마음으로 불상과 나한상 조각에 몰두했던 것 같아."

"그런 사연이 있었구나. 그렇다면 극렬한 친일파가 조성한 나한상을 이렇게 모시고 그 앞에서 매월 다라니기도를 하는 화계사도 대단한 것 아닐까?"

"그래, 죄는 미워도 사람은 미워하지 말라고 했잖아. 참회하는 사람은 용서하는 것이 자비문중 불교의 법이지."

부부는 다소 무거워진 마음으로 천불오백성전 아래 마당에 설치된 축원방 앞에 섰다. 판자로 만든 지붕 아래에 새끼가 여러 줄 걸쳐져 있고 소원을 적은 보라색 종이들이 새끼줄에 매여 있다. 어림잡아 200개는 될 것 같았다. 다라니기도를 하고 그 소원을 종이에 적어 새끼에 달아 두면 3일기도가 끝날 때 불에 실어서 하늘로 날려 보낸다는 안내문을 읽고 나니 지혜장은 소원을 적고 싶었다.

"우리도 한 장씩 써 볼까?"

"난 아까 삼성각에서 중요한 소원을 빌었는데?"

"로또? 헛꿈 꾸지 말고 가능성 있는 걸로 잘 적어 봐. 저기 종이랑 사인펜 있네."

봄 햇살에 눈이 부시는 보라색 종이에 지혜장의 소원이 담기고 나팔수 씨는 돌아서서 아무도 못 보게 자신의 소원을 쓰고 있다.

'부처님, 이만하면 성공이죠? 제 남편과 전국의 사찰을 무사히 순례할 수 있도록 보살펴 주세요.'

대원군의 친필 '화계사' 현판.

삼성암

독성각은 작아도
기도 영험은 전국 최고
그 이유는?

무소의 뿔처럼 홀로 가라 했습니다.
처음도 좋고 중간도 좋고 나중도 좋은 가르침
될수록 많은 사람들에게 전하라 했습니다.
솔숲 길 끝자락 일주문처럼 우뚝한 가르침
가슴에 새기고 홀로 가라 했습니다.
기도하는 마음이면 안 될 일 없다 했습니다.
수행하는 마음이면 도(道) 아님이 없다 했습니다.
빈손으로 왔다가 빈손으로 간다지만
거기 가득한 업의 찌꺼기를 보지 못할 뿐입니다.
비우면서 살겠습니다.
하나씩 덜어내며 하나씩 채우겠습니다.
탐욕은 덜어내고 무량공덕 채우겠습니다.
무소의 뿔처럼 홀로 가는 길에서
날마다 껄껄껄 웃음꽃 피우겠습니다.

종교는 바르고 높은 가르침

도심의 봄은 아가씨들의 팔랑거리는 치마를 타고 오고 산 위의 봄은 진홍빛 진달래 무더기에서 시작된다. 얼었던 오솔길이 풀려 질척거리고 신발은 흙투성이가 될지라도 '땅 밟는 맛'이 있다. 돌돌돌 경쾌한 물소리는 손이라도 씻고 가라고 사람을 끌어당기는 듯하다.

화계사 일주문을 나서기 전 오른쪽으로 돌아서 국립공원관리공단 안내소 옆으로 난 좁은 길을 따라 오르는 길이 삼성암 가는 길이다. 개울물 소리를 들으며 비탈에 무더기무더기 진달래가 피어 있는 것을 감상하는 동안 이내 솔숲 길로 접어든다. 200m쯤 올랐을까? 오른쪽 커다란 바위에 새겨진 불상이 보였다. 1937년에 어느 스님이 길 가는 행인들을 위해 조성했다는 관음상이다. 선명한 옷 주름과 뚜렷한 윤곽의 관음상이 커다란 화강암 전면에 깊이 새겨져 있다.

"저건 뭐지?"

"가까이 가 보자."

"관세음보살님인 것 같다. 감로수가 담긴 병을 들고 계시네."

"아니 눈이 왜 저래? 좀 흉한걸."

삼성암 가는 길.

"아들 낳으려고 파간 것 아니겠어?"

"하여간, 미신이란 것, 알고 보면 무서운 거야."

"전국에 수많은 마애불이 있는데, 대부분 눈과 코가 손상됐어. 그게 다 무속이나 민간신앙 때문이지. 도대체 돌가루를 먹고 아들을 낳겠다는 게 우습지 않아?"

"아냐, 그런 소리 하지 마. 절박한 사람은 돌가루 아니라 더한 것도 먹을 수 있어. 문제는 절박한 사람에게 말도 안 되는 짓을 시키고 돈 받아먹는 사람들이지. 아들 못 낳아서 쫓겨날 지경이면 무슨 말이든 들을 거 아냐? 그 심리를 이용해서 '이거 해라 저거 해라' 하고 복채나 기도비를 챙긴단 말이야. 내 생각은 그래. 혹세무민을 일삼는다면 무속이나 불교나 기독교나 천주교나 뭐 다를 것 있겠어? 신도들에게 제대로 된 것을 가르쳐 주고 신도들을 제대로 이끌어야지. 상식 이하의 짓을 하면서 종교의 탈을 쓰고 있는 게 한두 가지가 아니거든. 종교가 뭐야? 바르고 높은 가르침 아냐? 근데 요즘 종교들은 완전 장사판이 된 것 같아서 문제라고."

지혜장은 느닷없이 열변을 토해내는 남편을 멍하니 바라볼 수밖에 없었다. 별로 틀린 말이 아니므로. 그리고 종교에 대한 남편의 생각이 어떤 것인지를 확인하기도 했으므로.

사(寺)와 암(庵)의
차이를 아시나요?

독성기도처로 유명한 삼성암. 화계사 쪽에서 계곡을 따라 올라가는 길도 있고 삼양동 빨래골 쪽에서 올라가는 길도 있다. 빨래골은 조선시대에 궁녀들이 빨래도 하고 쉬기도 했던 곳이다. 차로 올라가려면 빨래골 쪽을 택해야 한다. 그러나 그 좋은 소나무 숲길을 두 발로 걸어가지 않고 차로 올라간다면 엄청난 손해를 보는 짓이다. 업무상 바쁘면 할 수 없지만 말이다.

삼각산 삼성사(三角山三聖寺). 세운 지 얼마 안 된 듯한 일주문 현판에는 삼성사라고 적혀 있다. 다른 안내문들은 삼성암이라고 적고 있는데.

"'사'와 '암'은 어떤 차이야?"

나팔수 씨의 예리한 질문에 지혜장이 따끔하게 찔렸다. 쉬운 문제가 더 어렵다. '사(寺)'와 '암(庵)'의 차이라? 거 참.

"글쎄, 솔직히 잘 모르겠네. 그냥 막연히 규모가 크면 '사'로 하고 작으면 '암'이라 하는가? 뭐 그렇게 생각하고 있었는데 질문을 받고 보니, 절 이름을 짓는 데 뭔가 법칙이나 규율 같은 게 있지 않을까 하는 생각이 드네."

"뭐든 다 아는 보살님이 쉬운 것엔 약하시군."

"아냐, 내가 아는 것에 확신이 없을 뿐이지. 일반적으로 절 이름은 'OO사'로 하는데 그 'OO사'에 소속된 작은 절을 'OO암'이라 하는 것으로 알고 있어."

"그러니까, 내 말은 '사'와 '암'을 구분하는 기준이 단지 크기만이냐 하는 거야. 큰절에 수많은 건물이 있는데 그 건물 하나하나가 다 '암'은 아니잖아."

"절이 되려면 기본적으로 법당이 있어야지. 대웅전이든 극락전이든 중심법당이 있어야 해. 그러니까 어떤 절이 있고 또 그 절 소속으로 법당과 기타 전각들을 갖춘 경우를 암자라고 한다는 것이지. 크기보다는 소속 관계에 따라 암자로 명칭이 붙는 것인가 봐."

"그래 그 정도로 이해하면 될 것 같다. 뭐, 내가 논문 쓰는 것도 아닌데. 그럼, 삼성암은 화계사에 소속된 암자야?"

"옛날에는 어땠는지 몰라도 지금은 그렇지 않아. 가까이 있긴 하지만 삼성암은 조계종 직할교구본사인 조계사의 말사야."

"그러니까, 정리해 보자. 지금까지 오래 삼성암이라고 불러온 이름이 일주문에는 삼성사로 적힌 것은 암자 수준이 아니라 어엿한 단일 사찰로서의 위상을 갖추었다는 것을 말하려는 의도가 있겠다. 그치?"

"의도라? 군이 의도까진 아닐지 모르지만, 그 해석도 일리가 있네."

"그런데, 교구본사는 뭐고 말사는 뭐야? 회사의 본사와 지사 같은 개념인가?"

"뭐, 그렇게 봐도 틀릴 것은 없지. 조계종의 경우 전국에 24개의 교구본사가 있어. 원래는 태고종과 분쟁에 걸려 있는 선암사까지 25개 교구본사라고 해. 그런데 선암

삼성암 대웅전과 노천관음상.

사는 태고종 스님들이 살고 있지. 아무튼 그렇게 교구본사가 전국에 있고 그 본사에

소속된 사찰들을 말사라고 하는 거야. 조계사를 직할교구라 하는 것은 조계종 행정

중심부인 총무원이 직접 관리하기 때문이고."

  "교구본사와 말사는 지역으로 나눈 것인가 보네."

  "대개 한 지역에 본사와 말사가 집중되어 있지만, 꼭 그런 것은 아니야. 전라남도

송광사 소속 말사가 부산에도 있을 수 있어."

  "어째서?"

"누가 새로 사찰을 건립해서 송광사 소속으로 등록하면 송광사의 말사가 되는 거야. 실제로 송광사 소속 스님이 부산에서 사찰을 창건해 송광사 말사로 등록한 경우가 있다던데?"

부부는 일주문을 지나 지장전 앞마당에 섰다. 저 아래로 서울 시내가 부연 먼지 속에 갇혀 있다.

"우리가 저 먼지 구덩이에서 아등바등 살고 있다 이거지?"

"아등바등은 아니고 그저 살고 있지. 희로애락과 더불어."

마당 끝에서 졸졸 나오는 약수를 한 바가지 받아 마시니 속이 시원했다. 서울을 바라보는 넓은 시야도 좋고 가슴을 적셔주는 약수도 좋다. 절 뒤편에는 말 그대로 기암괴석이 웅장한 자태로 묵직하게 앉아 있다. 세 개의 커다란 봉우리가 세 명의 성인[三뽀]인가 싶었다. 자칫 까불면 그 바위 뒤에서 호랑이가 나와 잡아갈지도 모를 일이다.

"경치 죽여준다. 정말 절간 같은 경치다."

"우리나라 산 치고 좋지 않은 곳 없고, 산에 있는 절 치고 절경 아닌 곳이 없지. 여보님, 경치 감상 그만하시고 법당으로 갑시다."

삼성암이 지어진 것은 1872년. 고상진이라는 사람과 친구 등 7명이 이곳의 천태굴에서 3일 동안 독성기도를 했다. 그것을 인연으로 고상진이란 사람이 절을 지었고 이름을 '소난야', 즉 '작은 절'이라고 했는데 10년쯤 지나서 다른 친구가 독성각을 새로 짓고 이름을 삼성암으로 고쳤다. 그 뒤 독성각 기도의 영험이 좋아서 소문이 나고 또 여러 사람의 발원도 있고 하여 여러 차례의 중건을 거쳐 오늘에 이르고 있다.

나반존자님을 만나다

독성은 혼자 깨달음을 얻은 나반존자다. 삼성암 독성각은 규모는 작지만 기도영험이 전국에 소문이 날 정도다.

삼성암은 최근 들어 상당히 공력을 들여 불사를 했다. 맨 위쪽에는 독성각이 있고 그 아래로 대웅전과 칠성각 누각이 당당하게 서 있다. 다시 아랫단은 2층 건물인데 아래층은 방이고 위층은 지장전이다. 그 뒤에 스님들의 수행처가 있는데 그 마당에 서면 서울 시내와 멀리 산들이 넓게 보일 것 같다.

넓지는 않지만 정갈한 마당에는 관세음보살입상이 있다. 참배할 수 있는 공간은 대리석을 깔아서 정갈한 분위기를 더한다. 대웅전은 근래 새롭게 불사를 했기 때문에 안팎이 산뜻했다. 부부는 삼배를 올리고 법당을 둘러보았다. 석가여래 삼존불과 천불을 모신 것은 여느 법당과 큰 차이가 없지만 오래된 듯한 석불 한 분이 아파트촌의 한옥처럼 모셔져 있었다. 그리고 법당의 왼쪽 벽을 트고 유리로 막아 독성각이 잘 보이게 했다. 독성 상주처로 이름난 삼성암 대웅전답게. 대웅전을 나와 독성각으로 가는 길에 종무소가 보였다.

"들어오세요."

지혜장이 문을 열고 얼굴을 들이미니, 안에 있던 종무원이 상냥하게 인사했다.

"아뇨, 독성각 올라가려고 하는데요. 법당에 작은 석불이 모셔져 있던데……."

"아, 그 부처님요? 철원 보개산에 심원사라고 하는 큰 절이 있었어요. 지금은 복원 중인데 6·25 전까지만 해도 큰 절이었대요. 그 절의 천불전에 모셨던 석불좌상인데요, 심원사 천불전 부처님은 한 분만 모셔도 큰 영험이 있다 하여 한 분씩 모신 절이 여러 곳 있답니다. 우리 절도 그 중 한 곳이고요."

알아서 시원스레 설명해 주는 종무원 보살님에게 인사드리고 부부는 독성각으로 향했다.

"독성님은 말이지……."

독성각이 워낙 작아 아랫단에 막사를 지어 기도공간을 확보했다. 그 옆을 지나면서 지혜장이 독성각에 대해 간단히 설명하려 하자 나팔수 씨가 말문을 막았다.

"그래, 왜 강의가 안 계신가 했다. 기도발 잘 받는 곳이라니까 일단 올라가서 삼배를 하고 설명은 그 다음에 듣고 싶은데?"

"그럼 그러시든지."

독성각은 밖에서 볼 때도 작았지만 안은 생각보다 더 좁았다. 어른 다섯 명쯤 들어가면 딱일 것 같았다. 불단엔 뜻밖에도 아주 작은 나반존자님이 합장한 손에 염주를 두르고 동자의 시봉을 받으며 앉아 계셨다. 입체감이 돋보이는 독성의 수행처를 배경 그림으로 삼았는데, 그림은 동굴과 늙은 소나무 그리고 삐쭉삐쭉한 봉우리 등으로 깊은 산중을 묘사하고 있었다. 존자의 눈썹이 두툼하다. 원래 나반존자는 희고 긴 눈썹이 트레이드마크다. 더러 몇몇 절의 나반존자상이나 조각의 경우 희고 긴 눈썹이 다소 과장되게 묘사되는 경우도 있다.

나반존자님 앞과 옆에는 이름표를 단 인등들이 작은 불을 밝히고 있었다. 전국에서 가장 유명한 독성기도도량답게. 지혜장은 혼자 생각했다. '기도공간이 넓으면 어떻고 좁으면 어떤가? 마음을 지극하게 하여 기도 올리는 것이 중요하지.' 지혜장은 '나반존자'를 정근하며 108배를 할 참이었다. 물론 나팔수 씨에겐 어림없는 일. 아내가 108배를 한다고 하자 "난 삼배 이상은 못해"라고 잘라 말했다.

지혜장이 108배를 하는 동안 조용히 앉아 있던 나팔수 씨는 아내의 절하는 동작을 보며 속으로 적지 않은 감동을 받았다. 힘든 내색 없이 조용조용 사뿐사뿐 절을 이어가는 모습이 몹시 성스럽게 여겨진 것이다. 그래서 속으로 생각했다.

'이 여자, 이런 모습이 있었네. 내가 감당하기에 너무 벅찬 거 아닌가? 슬슬 절에 끌고 다니는 폼이 예사롭지 않아. 조심해야지.'

나의 전설은 지금도 '진행 중'

독성은 글자 그대로 혼자 깨달음을 이룬 분이다. 부처님의 설법을 듣고 깨달음을 얻은 아라한과는 다르다. 그 대표적인 분이 나반존자다. 나반존자는 석가모니 부처님의 수기를 받고 남인도 마리산(천태산)에서 홀로 수행하여 깨달음을 얻었다. 무엇을 깨달았을까? 부처님과 같다고 한다. 12연기를 기본으로 하는 세상의 무상함, 공(空)과 모든 생명이 그대로 부처라는 사실을 깨달은 것이다. 부처님의 다른 제자들은 다 이승의 인연을 마치고 죽음(열반)을 맞이했지만, 나반존자는 부처님의 명령으로 죽지 않고 지금도 마리산에 살면서 중생을 살핀다고 한다. 그래서인가? 독성기도는 다른 기도에 비해 성취가 빠르다고 하여 예로부터 각광받는다. 다른 나라에는 나반신앙이 없다. 우리나라만의 유일한, 메이드 인 코리아 신앙이다.

"그럼, 독성님도 부처님이나 다를 것이 없잖아?"

"그건 아니지. 부처님은 완전한 깨달음을 이루신 분이고 아라한이나 독성 등은 아직 완전하게 깨달음을 얻지는 못한 단계거든."

연각승(緣覺乘), 벽지불승(壁支佛乘)이라는 말이 있다. 연각승이란 글자 그대로 해석하면 무엇에 인연 지어 깨달음을 얻는다는 뜻이다. 벽지불의 경우도 부처님 법이 사라진 뒤에 나와서 홀로 수행하여 깨달은 분을 뜻한다. 그러나 벽지불은 법을 선포하지 않는다. 후세 말법시대를 위해 아껴두는 것이다. 아무튼 독성이 홀로 수행과 깨달음을 이루신 분이란 점에서 또 다른 부처님의 출현을 약속하는 것이라고 이해하자.

부부가 도란도란 얘기하며 다니는 것이 보기 좋았던지 종무소 보살님이 책을 한권 내밀었다. 아주 작은 책자인데, 표지에는 '영험록'이란 제목이 붙어 있었다. 걸으며 서문을 읽어 보니 서울시 종로에 사는 황 아무개 불자가 삼성암 독성각에서 기도를 하고 가피를 받았는데 그 신심으로 삼성암 독성각 영험담들을 증언하고자 이 책을 만들었다고 한다.

"목차를 보니 좀 거시기하네. '시험문제를 미리 계시 받다' '독성기도 올리고 간질병이 낫다' '잃었던 딸을 찾다' 등등. 읽어보나 마나 전설의 고향 같은 얘기들이겠지?"

"아냐, 영험담은 전설이 아니라 절실한 현실의 문제야. 전설이란 게 뭐 꼭 과거의 얘기만은 아니지. 지금 일어나고 있는 일도 시간이 지나면 전설이 되니까. 누구나 기도하면 성취가 있고 그 성취를 남들은 전설처럼 여기는 거야. 기도하는 과정의 그 간절함과 원력과 신심을 헤아리지 않아서 그러는 거야. 나는 '나의 전설은 지금도 진행 중'이라는 생각으로 기도한다니까. 기도 영험담은 표현에 다소 과장이 있을지 몰라도 그 근본 마음을 헤아리며 읽거나 들으면 환희심이 나. 그 책 찬찬히 읽어 보자고."

"글쎄, 직접 경험하기 전에는……."

지혜장은 말 안 듣는 망아지 같은 남편의 마음을 언제 길들일 것인지 아득해지는 느낌이었으나 이내 맘을 고쳐먹었다.

'나반존자님, 이 사람 독성이 되든지 아라한이 되든지, 한 경지 올려 주세요.'

해가 설풋 지고 있는 솔숲에 무더기를 이룬 진달래 분홍빛이 간절한 염원으로 타오르는 촛불 같았다.

청룡사

왕후도 공주도
'삭발' 하고 다시 태어난 곳

세상이 시끄러운 것은 욕망이
한순간도 쉬지 않기 때문이라 했습니다.
스스로 찻잔 속의 고요 같은 마음이라면
아무리 시끄러운 곳에 있어도 담담하다 했습니다.
둘을 둘로 보기 때문이라고 했습니다.
잠깐 볼 땐 둘이어도 오래 보고 있으면 결국
하나인 것을 모르기 때문에 영원히 둘이라 여기고
분별하고 차별하기에 세상은 시끄럽다 했습니다.
왕족의 비정(非情)에 몸서리친 사람도
권력의 칼끝에 달린 꿀방울을 핥아 먹는 사람도
재물에 눈멀어 양심을 파는 사람도
둘 아닌 도리 몰라 하나에 집착한 탓이라 했습니다.
둘도 넷도 여덟도 모두 하나로 보는 눈으로 살겠습니다.
날마다 꽃비 내리는 동산에 살겠습니다.

행복을 찾아가는 절집 기행 청룡사

뼈저린 이별
그리고 외로운 수행

"와우~ 전망 죽이는데? 서울의 동쪽이 저렇게 넓구나."

나팔수 씨가 호들갑을 떠는 곳은 동망봉(東望峰). 왼쪽으로 성북구 삼선동과 돈암동 일대와 미아리고개 너머가, 오른쪽으로 동대문구에 해당하는 청량리 너머와 멀리 성동구 일대가 한눈에 들어왔다. 반대편으로는 서울을 상징하는 남산타워와 종로, 중구 일대가 손을 뻗으면 만져질 듯 가까이 있었다. 낙산 끄트머리 아파트들이 기세 좋게 서 있는 개발지역과 40년은 넘어 보이는 작은 단독주택들의 전형적인 산동네 풍경이 대조를 이루며 공생하고 있다.

서울시 종로구 숭인동. 동대문사거리에서 마을버스를 타고 10여 분 올라왔을 뿐인데 이렇게 높다란 산동네에 마을이 포진되어 있다니! 낯선 사람들이 사는 동네의 깊숙한 골목길을 걷는 동안은 마치 옛날이야기나 드라마 세트장 속으로 들어가는 신비로움을 느끼게 된다. 자그마한 가게와 빽빽 소리치며 뛰노는 아이들, 차 한 대가 겨우 지나갈 수 있을 것 같은 골목. 한낮의 고요를 머금은 그 풍경의 끄트머리에 개나리 꽃이 활짝 핀 체육공원이 있었다.

86

"여보님, 여기가 포인트야."

"포인트? 낚시터도 아닌데 무슨?"

지혜장은 자그마한 비석 앞에 서 있었다. 비석의 몸체는 화강암인데 가운데 오석으로 된 사각판돌에 안내 글이 적혀 있다. 비석 위 철망에는 작은 안내판이 하나 더 있는데 영월 청령포 풍경과 그 안에 어소(단종이 머물던 집) 사진이 짧은 해설과 함께 들어 있다. 지혜장이 소리 내어 비석의 안내문을 읽었다.

동망봉

동망봉은 단종의 비인 정순왕후(定順王后)가 매일 아침저녁으로 단종의 명복(冥福)을 빌었던 곳이다. 영조 47년(1771)에 영조가 친히 '동망봉(東望峰)'이라는 글자를 써서 이곳에 있는 바위에 새기게 하였으나 일제강점기 때 채석장이 되면서 바위가 깨어져 나가 글씨는 흔적도 없이 사라졌다.

정순왕후는 청계천 영리교에서 단종과 가슴 찢어지는 이별을 하고 청룡사(靑龍寺)에서 스님이 되어 평생을 살았다. 한 많은 목숨은 길기도 길어서 머리 깎고도 65년을 살았다. 절에 사는 동안 매일 앞산 언덕에 올라 동쪽을 바라보며 지아비를 그리워하고 안녕을 빌었다. 왕족인 것이 죄는 아닐진대, 왕족이기 때문에 억울한 죽음도 두말없이 받아들여야 했던 지아비를 위해 평생 명복을 빌었을 여인. 비구니가 된다고 속세의 한이 풀어지지는 않았을 것이다. 다만, 비구니로 사는 것이 속세의 한을 견디는 유일한 길이었을 뿐.

"영조가 썼다는 글씨가 새겨진 바위가 지금도 있다면 참 좋을 텐데, 아구구~ 일본 넘들. 하여간 나라를 빼앗고 역사를 다 지울 생각이었능개벼……."

"저 청룡사에는 영조대왕의 글씨가 잘 간직되어 있다니 그런대로 아쉬움을 달래시구려, 여보님."

"그러니까, 이제 절에 갈 차례다 이거 아냐?"

"왜 아니겠어? 청룡사로 출발."

천년 비구니 사찰,
슬픈 여인들의 이야기

삐그더억, 경사진 길 옆에 대문이 있고 문에는 금강역사가 그려져 있다. 두툼한 나무 문을 열고 들어서니 정갈한 마당이 보이고 그 안쪽 돌계단 위에 대웅전이 있다. 청룡사는 고려 태조 5년(922)에 도선 국사의 유언에 의해 창건되었다. 풍수지리상 한양의 외청룡에 해당하는 산등에 지은 절이니 일종의 비보사찰이다. 그래서 이름도 청룡사라고 했다.

처음부터 비구니 사찰이었다. 퇴락과 중창을 거듭해 오다가 조선이 개국된 후에도 태종 5년에 무학 대사의 청으로 중창된 이래 사세가 기울기도 하고 흥하기도 했다. 단종의 비 정순왕후(당시에는 폐비라서 송 씨 부인이었지만)가 이곳에서 비구니가 되어 일생을 마쳤는데, 그 궁핍한 삶은 실로 눈물 나는 것이었다고 전한다.

청룡사는 고려 태조 5년(922)에 도선 국사의 유언에 의해 창건되었다.
풍수지리상 한양의 외청룡에 해당하는 산등에 지은 절이니 일종의 비보사찰이다. 그래서 이름도 청룡사라고 했다.

젊은 폐왕비를 안타까워한 아낙들이 절 인근에 채소들만 취급하는 '금남(禁男)의 시장'을 열어 곡식이며 나물들을 전해주었다. 정순왕후도 앉아서 받아먹기만 할 성품이 아닌 지라 옷고름에 자주색 물을 들여 내다 팔았는데 너도나도 후한 가격에 샀다고 한다. 그래서 이 마을을 자줏골이라 불렀고 물들인 옷감을 널었던 바위를 자주바위, 우물을 자주우물이라 불렀다 한다. 숙종 24년(1698)에 단종이 복위되고 정순왕후로 추상됐다. 한 많은 생애의 고달픈 역사는 사후 177년 만에 빛을 보았지만, 죽은 사람에게 그 영광이 어떤 위로가 될까?

사실 청룡사에는 정순왕후 말고도 왕실의 아낙이 먼저 들어와 살았다. 고려 말의 공민왕비인 혜비(惠妃)가 와서 살았고 조선 초 태조의 딸 경순공주(慶順公主)도 청룡사에 머물기를 좋아했다.

영조가 재위 47년째인 1771에 '정업원구기(淨業院舊基)'라는 글씨를 내려 비석을 세우게 했는데 그 비석은 지금도 청룡사 경내 아담한 비각 안에 깨끗하게 보존되어 있다. 그 때문에 당시에는 청룡사라 부르지 않고 정업원이라 불렀다. 정업원이란 왕실이나 권력가의 여인들이 출가하여 사는 도량이었다. 순조 23년에 묘담(妙潭)과 수인(守仁) 스님에 의해 중창된 이후 어명으로 옛 이름을 되찾은 청룡사는 왕실의 관심 속에 사격을 확장시키며 역사의 풍랑 속에 수많은 중생들의 귀의처가 되어 왔다. 현재의 당우들은 1954~1960년 윤호(輪浩) 스님이 중창 불사를 대대적으로 한 것이다.

1973년 극락전 자리를 넓혀 다시 지은 대웅전에서 삼배를 하고 나오며 나팔수 씨가 앞의 건물을 가리켰다. 우화루(雨花樓). 마당에서 보기에는 누각 같지 않다. 가운데 계단으로 내려가면 그 건물이 2층의 누각임을 알 수 있다. 단청이 되지 않아 목재의 결이 그대로 살아나며 창연한 분위기를 드러내는데 유리문 안쪽이 마루 복도이고 그 안쪽에 너른 방이 있다. 한때 근현대 한국불교를 대표하는 대석학 탄허 스님이 주석했던 건물이다.

현판에 담긴 뜻 건물에 깃든 정신

"우화루가 무슨 뜻이야?"

"여보님의 그 질문은 상당히 차원이 높습니다."

"아니, 현판의 뜻을 묻는데 차원은 무슨?"

"그러니까, 현판에 쓰인 우화루라는 세 글자 가운데 끝의 '루'는 그냥 누각이란 뜻이니 문제가 없고 '우화', 다시 말해 '꽃비'를 설명하는 것이 좀 거시기하단 말이야."

『유마경』이란 경전이 있다. 이 경전의 주인공은 유마힐 거사. 거사라는 것은 출가하지 않은 남자신도를 말하니까, 경전의 주인공은 재가신도가 되겠다. 그 많은 경전 가운데 재가자가 주인공으로 등장하는 경전은 이『유마경』과 승만 부인을 주인공으로 하는『승만경』이 있다. 『유마경』에서 유마힐 거사가 일부러 병이 들어서 사람들로 하여금 문병을 오도록 한다. 문병 온 사람에게 진리를 설하기 위한 방편이었다. 그 속내를 알아차린 부처님이 제자들에게 문병을 가라고 하는데 제자들이 다들 안 가려고 했다. 왜냐고 하니까, 대부분의 제자들이 이미 유마힐 거사에게 한 방씩 얻어맞았기 때문이다.

"싸웠어?"

"아니, 주먹으로 맞은 게 아니라 진리를 토론하다가 다들 입이 막혀 혼쭐이 난 기억이 있다는 얘기지. 그래서 결국 문수보살이 병문안을 가게 돼."

"문수보살은 지혜의 상징이라며?"

"그러니까 얘기가 맞잖아. 출가는 안 했지만 상당한 경지에 오른 유마힐의 적수는 부처님 제자 가운데 지혜가 가장 출중한 문수보살이 되어야 얘기가 되거든. 아무튼 병문안을 간 문수보살에게 유마 거사는 아주 중요한 얘기를 하는데, 모두 세 가지야."

"그 세 가지가 우화루와 관계 있나?"

"응, 들어봐. 경전의 어느 대목인지 다 알 수는 없지만 우선 '중생이 아프니까 나도 아프다'는 말씀을 하시지. 그리고 '마음이 청정하면 불국토도 청정하다'는 말씀도. '중생이 아프니까 나도 아프다'는 것은 대승불교 정신을 드러내는 말인데, 대승불교란 쉽게 말해서 모든 중생이 다 부처의 성품을 갖고 있으니까 그 모든 중생이 다함께 성불할 수 있도록 함께 노력하자는 취지의 불교운동이었어. 그러니까 깨달은 사람(유마힐 자신)의 마음으로는 중생의 병도 자신의 병으로 느껴진 것이지. 부처님도 깨닫고 보니 모두가 부처이고 모두가 부처세상인데 중생이 번뇌의 불길에 싸여 알지 못하니까 차근차근 법을 펴신 거잖아. 우리가 병든 사람, 불행한 사람을 보고 함께 마음 아파하는 것이 바로 보살심이거든. 유마힐 거사도 중생과 자신이 다를 것 없음을 그렇게 표현한 거라고 봐. 또 '마음이 청정하면 불국토도 청정하다'는 것은 극락이나 지옥이 사실은 우리 인간의 마음 안에 있다는 것이야. 중생의 마음이 깨끗하면 어디든 그곳이 극락이고 그렇지 않으면 거기가 지옥인 거잖아."

"그런데, 우화루는 왜 안 나와?"

좀 긴 설명에 나팔수 씨의 마음이 지옥으로 변해가고 있었다.

"아, 이제 그 얘기 할 차례야. 『유마경』에는 아주 유명한 '불이법문(不二法門)'이 나오는데, 글자 그대로 '둘이 아니다'라는 의미야. 그러나 그게 좀 복잡하거든. 부처의 마음과 중생의 마음이 둘이 아니란 것인데, 우리가 인식하고 분별하는 것은 껍데기일 뿐이고 그 속 깊은 곳에서는 결국 하나의 진리에서 만난다는 정도로 이해하면 될 거야. 암튼, 불이법문을 얘기하는데 문수보살은 입을 열어 말로 이러쿵저러쿵 설명을 하지. 그리고 유마힐 거사에게 물어. '당신은 어떻게 생각하느냐'고. 그러자 유마힐 거사는 입을 굳게 다물어. 그 순간 하늘에서 꽃비가 쏟아지는 거야. 상상해 봐. 향기롭고 아름다운 꽃이 비처럼 내리는 그 장엄한 풍경을. 『벽암록』에는 불심천자(佛心天子) 양무제가 '방광반야경'을 강의할 때마다 하늘이 감응하여 꽃비가 내리고 땅은 황금으로 변했다고 하는데, 그래도 꽃비의 원조는 유마힐 거사야."

"뭔가 극적인 것 같은데 이해는 안 되는군."

"불이법문, 둘이 아니라는 진리를 말로 이러쿵저러쿵 하면 이미 말에 얽매여 절대적인 '불이'에 부합되지 않잖아. 그러니까 유마힐 거사는 아예 입을 열지도 않은 거야. 침묵. 그것이야말로 진정한 불이라고. 그 침묵의 위대한 법문에 하늘이 감동하여 꽃비를 내린 것이고. 양무제의 강의도 비록 입을 열어 떠들긴 했어도 내용이 그만큼 훌륭했다는 의미겠지."

"그럴듯하네. 그런 의미의 단어를 현판으로 달았으니 저 누각은 공부하는 곳이겠다."

"눈치백단, 인정!"

청룡사 우화루와 심검당. 우화루는 강당, 심검당은 선방으로 쓰인다.

"그런데, 이 절에 오니 현판이 눈에 잘 띈다. 이 옆의 건물은 현판에 심검당(尋劍堂)

이라고 적혀 있네. '칼 검' 자가 들어서인지 살벌한 분위기야. 거기도 뭔가 깊은 뜻이

있겠지?"

심검당의 분위기도 우화루와 비슷했다. 단청하지 않은 나뭇결이 좋고 양철 물받이

와 정연한 기왓골이 인상적이다.

"뭐, 글자 그대로야. 찾을 심, 칼 검, 집 당. 칼을 찾는 집이라는 건데, 칼이 무슨 칼

이냐에 답이 있지. 바로 마음의 칼, 번뇌를 잘라버리는 지혜의 칼을 찾는 집이란 의미

지. 그럼 이 건물의 용도는?"

"참선하는 곳."

"딩동뎅~. 오늘 저녁은 내가 쏜다. 자, 여보님. 이 절에서 꼭 가야 할 곳, 명부전으

로 가 볼까요?"

나와 똑같은 '나'
저승 프락치가 있다?

청룡사의 보물은 명부전이다. 건물과 그 안에 모셔진 석조(청석) 지장삼존 시왕상과 권속들 그리고 탱화들이 모두 서울시유형문화재다. 시왕과 권속들은 대구 보현사에서 모셔왔는데 17세기 중기에 조성된 것으로 밝혀졌다. 그 가운데 동자 열 분과 판관 두 분은 근현대 최고의 금어인 김일섭(金日燮) 스님이 흙으로 빚어 모신 것이라 한다.

"명부전 전체가 문화재들이다 보니, 법회가 없는 날엔 자물쇠를 채워 두는 거겠지. 종무소에 가서 부탁할게."

자물통을 보고 뭔가 말을 하려는 나팔수 씨 앞에서 지혜장이 선수를 친다. 어느새 후덕하게 생긴 종무원이 와서 문을 열어 주었다. 덤으로 산신각까지.

"절에 오는 것은 그렇다 치고, 명부전엔 안 갔으면 좋겠어. 어딜 가나 분위기가 침침하고 괴괴하잖아."

"조용히 하시지요. 저분들이 다 들으십니다, 여보님."

조용히 삼배를 마친 지혜장은 중앙 지장보살님을 중심으로 좌우로 죽 앉아 계시는 할아버지들을 찬찬히 둘러보면서 한 분 한 분 합장으로 인사를 했다. 나팔수 씨도 엉거주춤 뒤를 따랐다.

지장보살님은 지옥의 모든 중생들이 다 성불하기 전에는 성불하지 않겠다는 서원을 세우고 중생구제를 하는 분이다. 대원본존(大願本尊)이라고도 하는데 그만큼 지장보살님의 원력이 크다는 것이다. 좌우의 협시보살은 도명존자와 무독귀왕이다. 지

지장보살님을 중심으로 왼쪽엔 짝수의 번호를 가진 대왕들이 앉고 오른쪽엔 홀수 번호를 가진 분들이 앉는 것이 일반적이다.
시왕들은 각자 맡은 일이 다른데 살아 생전에 눈 귀 코 입 몸 생각 등으로 지은 죄를 묻고 그 정도에 따라 여러 형벌의 종류가 가려진다.

장보살님 왼쪽에 계시는 도명존자는 8세기 때 중국에 살았던 스님이다. 우연히 사후 세계를 경험했는데 지옥의 여기저기를 구경하고 지장보살님도 만났다는 이야기가 전해지면서 이렇게 지장보살님 옆에 모셔지게 됐다. 오른쪽의 무독귀왕은 『지장경』에 등장하는 지옥의 귀왕인데 사람의 악한 마음을 없애주는 분이다.

좌우로 의자에 앉아 계신 분들은 모두 열 명인데 이분들을 시왕(十王)이라고 부른다. 사람이 죽으면 처음 칠 일씩 일곱 번, 백 일 되는 날, 일 년 되는 날, 삼 년 되는 날, 그렇게 모두 열 번이나 이분들 앞에서 심판을 받는다. 지장보살님을 중심으로 왼쪽엔 짝수의 번호를 가진 대왕들이 앉고 오른쪽엔 홀수 번호를 가진 분들이 앉는 것이 일반적이다. 시왕들은 각자 맡은 일이 다른데 살아생전에 눈 귀 코 입 몸 생각 등으로 지은 죄를 묻고 그 정도에 따라 여러 형벌의 종류가 가려진다. 물론 착한 일을 많이 한 사람은 극락으로 가고 악한 짓을 많이 한 사람은 지옥행.

염라대왕의 옆에는 거울이 있다. 업경대(業鏡臺)라고 한다. 이 거울을 가지고 심판하는 분이 바로 염라대왕이다. 업경대는 생전의 모든 죄를 다 비추는 동영상 시스템이다. 그러니 우리가 하는 모든 행동이 명부에서는 동영상으로 촬영되고 있다고 보면된다. 우리의 업을 찍는 몰래카메라다. 사람 눈을 속일 순 있어도 염라대왕의 업경대는 못 속이니까 어디서나 착하게 살라는 것이다.

그리고 사람이 태어날 때는 똑같은 시간에 구생신(俱生神)이 태어나는데, 구생신이바로 그 사람의 행적을 일일이 기록하는 역할을 한다. 그러니까 구생신은 누구에게나따라붙는 저승의 프락치다. 염라대왕이 머리에 『금강경』을 쓰고 계시는 것은 부처님으로부터 다음 생에 보현왕여래가 될 것임을 인증(수기) 받으셨기 때문이다.

"명부전은 정말 살벌한 곳이야. 이렇게 치밀하게 그리고 첩첩으로 심판을 하니 어떤 사람이 극락에 갈 수 있을까. 그런데 그 구생신이란 것은 일종의 도플갱어인가?"

청룡사 '정업원구기' 비석과 영조의 친필 현판.

"도플갱어와는 다르지. 구생신은 분신이라는 개념이 아니라 그냥 감시자야. 그러니까 구생신에게 잘 보여야 극락 갈 수 있고, 잘 보이려면 마음속에 늘 선한 생각을 품어야 해. 그 순간 그곳이 바로 극락이니까."

"큰스님 같은 말을 하시네."

"이제 정업원구기 비석을 보러 가시죠, 여보님?"

절 문을 나와 내리막길을 조금 내려간 곳에 정업원구기 비각으로 오르는 계단이 있고 철문이 닫혀 있다. 종무소 보살님이 문을 열어주었다. 아주 정갈한 비각에 조용히 세워져 있는 비석에는 '정업원구기'라는 글씨가 단정하게 쓰여 있다. 현판에는 '전봉후 암어천만년(前峯後巖於千萬年)'이란 글씨가 크게 자리 잡고 관서에는 '세신묘구월육일

음체서(歲辛卯九月六日飮涕書)'라고 적혀 있다. 모두 영조의 친필이다.

"앞은 봉우리 뒤는 바위, 이 터가 천만년 계속되길 바라는 마음. 신묘년 9월 6일 눈물을 흘리며 쓴다."

"해석이 그럴듯하네요."

나팔수 씨의 한문 실력이 제법이라 생각하며 지혜장이 조용히 한마디 던졌다.

"왕 노릇 안 하고 말지. 부부가 이렇게 생이별하고 한 맺힌 삶을 사는 것은 지옥이지 않을까? 조선조에는 이렇게 아프게 살다가 남편과 무덤마저 동떨어진 왕후가 둘인데 정순왕후와 태조의 비 신덕왕후야. 신덕왕후가 묻힌 곳은 정릉이야."

"그러니까, 권력이란 것이 알고 보면 허망한 것이라 하는 게지. 뭐 우리야 평생 헤어질 일이 없잖아. 가진 것이 없으니. 하하하."

거지 애비가 자식에게 "우리 집엔 도둑 들 염려 없으니 얼마나 좋으냐"고 말하는 격이지만, 지혜장은 그렇게 말하고 너털웃음을 날리는 남편이 듬직했다.

절 뒤쪽 동산에는 노천에 약사여래불이 한 분 모셔져 있다. 하늘을 찌를 듯한 아파트를 배경으로 앉아 계시는 약사여래 주변에는 진달래와 개나리 그리고 키 작은 제비꽃과 민들레가 수줍은 웃음을 터뜨리고 있었다. 살아 있다는 것이란 이토록 행복한 것임을 설법하고 있었다.

흥천사

가장 높은 곳에서
가장 낮은 곳으로
그 운명의 질서

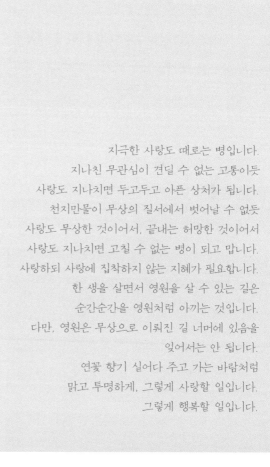

지극한 사랑도 때로는 병입니다.
지나친 무관심이 견딜 수 없는 고통이듯
사랑도 지나치면 두고두고 아픈 상처가 됩니다.
천지만물이 무상의 질서에서 벗어날 수 없듯
사랑도 무상한 것이어서, 끝내는 허망한 것이어서
사랑도 지나치면 고칠 수 없는 병이 되고 맙니다.
사랑하되 사랑에 집착하지 않는 지혜가 필요합니다.
한 생을 살면서 영원을 살 수 있는 길은
순간순간을 영원처럼 아끼는 것입니다.
다만, 영원은 무상으로 이뤄진 길 너머에 있음을
잊어서는 안 됩니다.
연꽃 향기 실어다 주고 가는 바람처럼
맑고 투명하게, 그렇게 사랑할 일입니다.
그렇게 행복할 일입니다.

여자의 일생
여자의 운명

여인의 운명을 생각했다.

나팔수 씨는 청룡사를 다녀와서 인터넷 검색으로 정순왕후의 일생을 대강 읽었다. 그리고 운명이라는 것을 생각했다. 조선조 여인들의 운명. 계급사회. 양반 중심의 문화와 권력이 지배하던 사회. 그 정글에서 여인은 어떤 존재였을까?

지금 우리에게 전해지는 조선 여인의 아이콘은 다소 획일적이다. 우선 TV 사극이 심어준 이미지로는 후덕한 왕비나 표독스러운 후궁, 신분상승을 위해 모든 것을 기꺼이 바치는 억척스러운 여인의 모습이 떠오른다. 먹고살기 위해 웃음을 팔고 몸을 던지는 여인의 비련도 있다. 관세음보살 같은 미소로 사내의 배경을 지켜주는 예진 아씨(드라마 '허준') 같은 이미지도 있다. 그러나 그 각각의 이미지 속에 번잡스럽게 스며들었던 애환과 좌절, 분노와 환희 그런 것들은 모두 말줄임표 속에 들어가 있을 뿐이다.

나팔수 씨는 며칠 동안 그다지 아름답지 못한 삶을 살았던 조선의 여인을 생각했다. 그리고 불쑥 스스로 사고를 치고 말았다.

"정릉이 동네 이름인 것은 알았지만 거기 능이 있다는 것은 생각 못했네. 그것도 태

용화전 앞의 목련 몽우리가 봄소식을 물고 있다.

조의 비 신덕왕후의 능이라니. 그 여인도 한 많은 삶을 살았고 죽어서도 치욕의 세월

을 겪어야 했더구먼. 명색이 조선 최초의 왕후인데 말이야."

　"여보님, 이번 주말엔 정릉에 가 볼까? 내가 교통편 파악할 테니 여보님은 신덕왕

후에 대해 공부 좀 하시는 게 어떠실는지?"

　"뭐 그러지, 그동안 절에만 다녔으니까……."

살아서는 최초의 국모
죽어서는 슬픈 무덤

부부는 지하철 4호선 성신여대역에서 내렸다. 그리고 6번 출구로 나와 아리랑고개 쪽으로 걸었다.

"어이구 내 팔자야. 정릉만 가는 줄 알았는데 오늘도 절에 가게 되는군."

"정릉 가는 거야. 가는 길에 살짝 옆으로 빠져 홍천사(興天寺)를 들르는 것일 뿐. 그런데, 홍천사를 들르지 않으면 정릉 가는 재미가 70%는 삭감된다는 사실! 왜냐하면 홍천사는 정릉과 운명을 같이해 온 절이거든."

"왕후의 능과 절이 운명을 같이한다?"

"태조 이성계는 신덕왕후 강 씨를 무척 총애했어."

"잠깐, 이 대목에서 공부해 온 내가 재밌는 얘길 하나 해야 할 것 같군. 그 신덕왕후와 태조의 첫 만남이, 우리가 잘 아는 물바가지에 버들잎을 띄운 사건이었다는 사실! 그러니까 이성계가 젊은 시절 졸개들과 사냥을 갔지. 신나게 말을 달리며 돌아다니다 보니 목이 말랐어. 우물이 있는 곳으로 달려갔는데 마침 처녀 하나가 물을 긷고 있었지. '낭자, 물 한바가지 주구려.' 고개를 숙인 채 바가지에 물을 가득 뜬 처녀는 바가지를 내밀다가 잠깐 멈추고 우물가 버드나무 잎을 한줌 따서 물에 띄우는 거야. 목말라 죽겠는데 장난치나? 이성계가 열 받았지. '뭐하는 짓이냐?' 처녀는 조용히 말했어. '급히 달려오셨는데 물마저 급히 마시면 체하실까 봐……' 어쭈? 그 순간 이성계는 눈이 확 뒤집어졌어. 아까는 목말라 아무 생각 없었는데, 자세히 보니까 이 처녀 마음 쓰는 거나 생긴 거나 뭔가 당기는 구석이 있었던 거야. 그러니 뭐, 바로 작업 들어가서 자기 여자로 만들었지. 그게 신덕왕후야."

"그래. 그 신덕왕후 강 씨는 집안도 고려 말의 권문세도가여서 이성계가 역성혁명을 하는 데 만만치 않은 후원자가 됐지. 그러니 본처보다 얼마나 예뻤겠어? 빵빵한 처갓집에 인물 좋고 마음씨 좋은 여자라면 요즘 남자들도 사족을 못 쓰잖아?"

"그건 뭔가 모자라는 아그들 얘기고. 이성계의 사랑에 정략적인 면이 없진 않았겠지만 신덕왕후에게만은 사내로서 진정한 사랑을 보였던 것 같애. 사랑이 지나쳐서, 임금이란 자리에서 절제하지 못한 사랑이 엄청난 화근이 되긴 했지만."

부부는 '흥천사'란 표지판을 보고 왼쪽 길로 접어들었다. 약간의 경사로를 걸으며 하던 얘기를 계속했다.

"왕족들의 비극은 언제나 왕권 계승 문제에서 촉발되지. 강 씨도 정비(正妃) 한 씨에게서 태어난 걸걸한 6형제 말고 굳이 자기 배 속에서 난 자식을 왕으로 앉히고 싶어서 불행을 자초한 거잖아?"

"아니, 나보고 공부하라더니 당신이 다 알면 난 뭐야? 한 씨의 경우 다분히 촌빨 날리는 캐릭터였어. 애비 성격을 빼닮은 6형제, 그 엄청난 왕자의 난의 주인공들을 낳고서 조선이 개국되기 전, 그러니까 남편이 혁명을 성공하는 것을 못 보고 세상을 뜨지. 그녀가 죽지 않았으면 조선의 역사가 달라졌을 거야. 그러나 역사는 가정법으로 소급될 수 없는 것. 차라리 피비린내 나는 형제간의 살육을 안 보고 일찌감치 맘 편하게 세상 하직한 그녀는 복 있는 여자겠다 싶어."

"어쨌거나 나라가 새로 서고 강 씨는 세컨드에서 퍼스트로, 그것도 국모(國母), 요

조선의 첫번째 왕후 신덕왕후가 잠들어 있는 정릉.

샛말로 퍼스트레이디로 자리를 바꿔 앉게 되는데 그게 그녀에게 살아서는 영광이고

행복이었겠지만 두고두고 불행일 줄 알기나 했겠어?"

강 씨는 개국 이후 권력의 새로운 판이 짜지던 시기에 왕비가 되고, 임금의 사랑과

친정의 권세를 배경으로 튼튼한 힘줄을 갖게 된다. 힘이나 돈이 생기면 명예가 그리워

지는 것이 인간의 탐심. 결국 둘째아들 방석을 세자로 책봉시키는 데 성공한다. 그러

나 등극을 보지 못하고 눈을 감는데, 그녀를 데려간 저승사자는 머지않아 그녀가 낳

은 아들과 딸들도 데려가게 된다. 강 씨 역시 더 살았더라면 한 씨의 배에서 나온 다

섯째 아들 방원에 의해 두 아들이 살해되는 것을 봐야 했을 것이다.

태조는 강 씨를 잊지 못해 신하들의 반대에도 불구하고 도성 안 궁궐에서 가까운

곳에 능을 조성했다. 그것이 정릉인데 지금의 정동 자리다. 정동이란 이름도 정릉에

서 온 것. 정릉이 조성되고 왕비의 명복을 빌기 위한 사찰이 대대적으로 건립되니, 그게 바로 홍천사다. 태조가 직접 홍천사 건립 불사에 나와 인부들을 독려했다. 나중에 사리각을 지을 때도 정종에게 빨리 지으라고 수차례 독촉했다니 죽은 왕비를 향한 왕의 사랑은 크고도 애달픈 것이었다.

'왕자의 난'으로 태조는 이빨 빠진 호랑이가 되고 왕권을 장악한 방원은 조선의 세 번째 왕으로 즉위하자마자 정릉 파괴에 들어간다.

"이방원 입장에서는 얼마나 한이 맺혔을까? 제 어미는 영화를 누리지도 못하고 촌에서 죽었고, 눈엣가시 같은 강 씨의 소생이 대권을 잇게 되었을 때 아마 피눈물을 삼켰겠지? 태조가 균형을 잡지 못한 거야. 마누라 말만 듣고 무리수를 두니까 세상 뒤집어질 일이 만들어진 거지. 자기도 말년이 쓸쓸했고……."

절도 무덤도 이삿짐 싸던 역사

이야기를 하면서 걷다 보니 어느새 홍천사 일주문이다. 왼쪽에 돈암4동주민센터가 있다. 일주문은 반듯하다. 현판에는 '삼각산 홍천사(三角山 興天寺)'라고 씌어 있고 두 기둥엔 주련이 붙어 있다.

약인욕료지 삼세일체불(若人欲了知 三世一切佛)

응관법계성 일체유심조(應觀法界性 一切唯心造)

"일체유심조라. 모든 것은 마음먹기에 달렸느니라. 원효 대사가 해골바가지 물을 먹고 했다는 말이잖아?"

"맞아. 그런데 원효 대사가 그런 이치를 깨달은 것은 맞지만 이 게송은 원래 '화엄경 사구게'라고 해. 화엄경에서 가장 핵심적인 것을 네 구절로 표현했다는 거지. '만약 과거 현재 미래의 모든 부처님이 가르친 진리를 완전하게 알고 싶다면 마땅히 법계의 성품을 보라. 모든 것은 마음이 지어내는 것이니', 뭐 이런 뜻이야."

일주문 안쪽은 주차장이다. 유료주차장이라는 표지도 있지만 관리인은 보이지 않았다. 일주문 안쪽이 주차장 겸 마을 사람들이 지나다니는 길이어서 조금 어색했다. 그리고 보니 옆의 고층 아파트도 절이 위치한 능선에 바짝 다가와 있다. 옛날에는 나름 깊은 산중이었을 것이 분명한 자리인데 이렇게 절 옆구리까지 아파트가 형성되었으니 그리 좋은 풍경은 아니다. 절로 올라가는 계단이 있고 그 옆에 안내각이 있다.

흥천사 연혁

서기 1396년에 조선태조 고황제 5년에 태조후비 강 씨 신덕왕후께서 승하함으로 능지를 한성부서부 황화방(지금 종로구 정동)에 정하고 1월에 창봉함에 있어서 환후에 원찰을 건립하기 위하여 그해 12월에 능지의 동편에 개기하여 서기 1398년 7월에 170여 칸에 대찰을 준공하여 흥천사라 명명하다.

서기 1462년 7월에 신덕왕후를 추모하기 위하여 높이 2.82m 직경 1.70m 후 0.30m의 대종을 본사에 주조하다. 서기 1504년 12월(연산군 10년)에 한성부 서부 황화방 소재 본사를 소실하였으며 서기 1508년에 정릉을 황화방 사아리로

봉하고 본사는 구지에 두고 사아리 능방에 소암을 신축하고 신흥사라고 하다.

서기 1669년에 신흥사가 능실에서 구근하므로 우문외 창립 정유지로 이건하였으나 건물이 극히 초조하야 서기 1794년 9월에 본사 주지 산경 화상과 민경 화상이 사아리로부터 돈암동 현 위치로 이건하다. 서기 1910년 3월 28일(중종 5년)에 덕수궁 근처에 흉폐된 신덕왕후의 무덤 근처에 홍천사 5층 사리탑이 재하다. 서기 1547년(영조 23년)에 홍천사의 대종을 경복궁의 정문인 광화문으로 옮겼던 것을 후에 다시 덕수궁으로 옮겨 놓았다. 서기 1846년 8월 계장 화상이 칠성각을 창건하다. 서기 1854년 순린 화상이 명부전을 창건하다. 서기 1865년 10월 운현궁 홍선대원군의 주호에 의하여 대방과 찰사를 재건 대찰의 면모를 갖추고 본명을 복활하다. 서기 1934년 1월 독성각을 시주 시 원명 화상이 재건하다. 서기 1942년 8월 종각을 주지 운월 화상 시 화옹 화상이 중건하다. 서기 1969년 용화전을 주지 일우 화상 시 화주 운파 화상이 중건하다. 서기 1970년 연화대를 일우 화상 시에 신축하다.

"안내판은 아직 조선시대로군."

"글쎄, 문장이 너무 옛날풍이고 어렵네. 중종 5년이 왜 1910년인지. 오자도 그대로 있어. 안내문이 제 역할을 하기 힘들겠어. 일단 계단으로 올라가 보자고."

계단 끝에 올라서니 왼쪽은 종각이고 앞쪽은 H자의 건물로 막혀 있는데 현판이 여러 장 붙어 있다. 맨 왼쪽에는 '옥정루(玉井樓)'란 현판이 있고 오른쪽으로 '홍천사'란 현판이 두 개 이어져 있다. 그 중 두 번째 것은 대원군의 글씨다. 다시 왼쪽으로 '서선

홍천사 현판. 왼쪽이 대원군의 필체다.

실(西禪室)'과 '만세루(萬歲樓)'가 붙어 있다. 건물을 왼쪽으로 돌아 근래에 세운 듯한 탑을 지나니 극락보전이 나왔다. 대방건물과 극락전 사이의 마당에는 스테인리스로 만들어 세운 당간대가 햇살에 빛을 번쩍이며 높이 세워져 있다. 극락전으로 오르는 계단 중간에 돌로 만든 커다란 향로가 하나 놓여 있어 특이하다.

부부는 극락보전에 들어가 삼배를 했다. 그리고 법당 안을 둘러보았다. 아미타 부처님과 대세지보살 그리고 42수관음상이 법당의 크기에 비해 다소 작은 느낌이다. 그래서인지 친근감은 더 가는 듯했다. 왼쪽 벽면에 여러 장의 현판이 걸려 있는데 그 가운데 눈에 띄는 것이 있었다. 붉은 바탕에 금으로 써진 글자들이 삐뚤삐뚤했다. 영친왕이 5살 때 쓴 글씨다.

홍천사의 현판들은 눈여겨볼 만하다. 종각 현판은 위창 오세창의 글씨이고 대방에는 대원군의 글씨가 걸려 있으며 명부전 현판은 고종의 글씨다. 극락보전 안의 탱화 역시 19세기에 그려진 작품들로 그 격식이나 도상이 보물급이다. 천장의 장식 역시 매우 화려하고 세밀하여 극락보전 안은 그대로 극락인 것 같았다.

"이 탱화는 좀 특이하다. 그림을 아홉 칸으로 나눠서 그렸네."

"이 그림은 극락9품도인데 극락세상의 아홉 가지 모습을 그린 거야. 당신은 어디로 가고 싶어?"

"이왕이면 제일 높은 곳에 가야지."

부부는 극락보전을 나와 미륵입상과 인등이 모셔진 용화전에서 참배를 하고 다시 극락보전을 돌아 지장전으로 향했다. 아쉽게도 지장전은 문이 닫혀 있었다. 그 뒤로 좁은 길을 따라 올라가 커다란 바위 위에 지어진 북극전과 독성각에도 갔지만 역시 문이 닫혀 있었다.

"갑자기 좀 쓸쓸하다는 느낌이 드네."

"그래, 무슨 뜻인지 알아. 그래도 이렇게 진달래 개나리가 활짝 피었는데, 기분 푸시지요. 여보님."

부부는 다시 대방을 돌아 계단을 내려왔다.

태종의 보복으로 정릉은 조성된 지 14년 만에 북한산 자락으로 밀려나 수난을 겪었지만, 흥천사는 도성 안에서 왕실의 보호를 받으며 사세를 유지했다. 절의 창건 목적은 정릉을 보호하는 것이었지만, 정릉이 떠나고 난 뒤부터는 기우제를 지내거나 왕실의 치병기도를 하는 곳으로 전락했다. 그러다가 불교를 심하게 탄압했던 연산군 10년(1504)에 화재가 나서 절은 100여 년의 역사를 안고 사라져 버렸다. 어쩌면 그 화재는 고의적인 인재(人災)였을 것이다.

사람은 잊어지고
역사는 돌고

태종에 의해 버림받았던 정릉은 선조 9년(1576)에 복릉(復陵)되었다. 170년 동안 봉분도 흐릿하게 방치되었던 정릉. 그 안의 여인은 얼마나 춥고 배가 고팠을까? 선조가 능을 복구하고 제사를 정기적으로 지내면서 흥천사도 신흥사란 이름으로 복구되었다. 물론 원래의 자리가 아니라 지금의 위치 정릉 인근이다. 정릉의 원찰이라는 본래의 목적을 되찾은 것이기도 하다.

"대원군, 고종, 영친왕 등의 유물이 있다는 것은 조선 후기 왕실에서 이 절에 상당한 정성을 들였다는 의미겠지?"

나팔수 씨의 목소리가 진지했다. 지혜장의 대답을 기다리지 않고 말을 이었다.

"거 참. 조선을 개국한 태조가 창건한 절이 우여곡절을 겪으며 이곳으로 옮겨왔고 조선이 기울어 가는 시절의 왕들이 다시 이 절에 정성을 들였다는 것을 생각하니 사람 사는 일이 다 돌고 돈다는 말이 맞는가 봐."

"여보님, 그 말씀 지당합니다."

홍천사는 조선 최초 왕후의 명복을 빌기 위해 지어졌는데 조선 최후의 왕비인 순정효황후(윤비)가 한때 이 절에 다녔다는 사실은 홍미롭다. 패망한 왕조의 마지막 왕비가 겪은 고초는 이루 말할 수 없다. 살아 있는 것이 죄였다. 민비의 뒤를 이어 황후가 된 윤비는 일제강점기 때는 말할 것도 없고 광복이 되어서도 초라하게 살아야 했다.

그녀의 생애는 500년 조선왕조의 생애와 다름없다. 6·25전쟁 때는 피란을 갔다가 돌아왔는데 와 보니 자신이 살던 집(낙선재)을 이승만 정권이 꿀꺽해 버렸다. 나중에는 되찾았지만. 집도 절도 없는 상황에 마지막까지 그녀의 곁을 지키던 상궁 3명과 홍천사 인근에서 살았는데 그때 홍천사를 자주 찾아 신덕왕후의 명복을 빌었다고 전한다. 운명일까, 숙명일까?

"윤비가 빌었던 것이 어디 신덕왕후의 명복뿐이었을까? 자신의 가계, 조선왕조의 500년 역사에 살다간 모든 사람들의 명복을 빌었겠지. 그리고 끝까지 초라한 자신의 일생과 사후의 일도 부처님께 고스란히 바치지 않았을까?"

"와, 우리 여보님 생각이 아주 바르시네요. 멋져요 멋져."

부부는 일주문을 나와 왼쪽으로 난 좁은 골목으로 접어들었다. 그 길은 신덕왕후가 묻혀 있는 정릉으로 가는 길이다.

경국사

지킬 것은 지키고
버릴 것은 버려야 행복하다

아는 것이 힘이라 하니
모르는 게 약이라 했습니다.
힘을 기를 것인가 약을 먹을 것인가
고민하지 않겠습니다.
모르는 게 약이 되기 위해서는
모르는 그 자체를 몰라야 하겠지만
알고 모르고를 따지는 일상의 알음알이들이
아는 것도 모르게 하고 모르는 것도 알게 하여
도대체 제대로 아는 것이 하나도 없습니다.
아는 것도 모르는 것도 없는 삶의 무기력 속에서
촛불 하나를 밝히고 싶습니다.
부처님이 눈 마주쳤던 샛별같이 반짝이는
촛불 하나 밝히고 싶습니다.
새벽마다 강가에 나가 하늘 바라보고 싶습니다.

정릉,
가슴 시린 이야기는
진달래로 피고

같은 꽃이라도 보는 장소에 따라 달리 보인다. 꽃의 잘못은 아니다. 보는 사람의
심정에 달렸다. 기쁘고 행복한 사람에게 꽃은 더없이 예쁘지만 화난 사람에게는 그렇
지 않다. 잘 꾸며진 정원에서 보는 꽃과 소곳한 비탈에서 보는 꽃, 전쟁터나 쓰레기
더미에서 보는 꽃도 같을 수 없다. 꽃 자체는 아름다움의 극치라 할지라도 보는 사
람의 마음이 시시각각 변하는 탓이다.

홍천사 일주문에서 정릉으로 가는 좁은 골목을 걸으며 작은 집들의 담장을 삐져
나온 개나리는 정겹기 그지없었다. 부부는 추억 속의 골목을 걷는 기분이었다. 조선
최초의 왕비가 묻힌 곳, 그 과거 속으로 가는 길이 개나리 진달래가 피어 있는 가난한
사람들의 골목이란 것이 딱 어울렸던 것이다.

"정릉이다."

10여 분 걸었을까? 허공에 달린 표지판이 봄바람에 몸을 흔들며 길을 안내했다.
매표소에서 표를 사고(1인당 1000원) 능 안으로 들어섰다. 불운의 여인이 묻힌 곳이지

만 여기도 봄이었다. 무더기무더기 진달래가 피어 있었다. 능 안에서 보는 진달래, 왠지 슬퍼 보이는 분홍 미소.

"원래의 자리에 있을 때는 엄청났을 텐데, 여기는 그다지 화려하지 않네."

"그래도 260년이나 잊혀진 여인이었던 것을 생각하면 이 정도에 만족해야지. 가진 것에 만족하지 못해 화를 자초한 신덕왕후였잖아."

부부는 정릉 정자각 앞에 섰다. 다소 냉랭하게 들리는 지혜장의 말에 나팔수 씨가 눈을 크게 떴다.

"태종 이방원에 의해 이곳으로 내쳐진 뒤 능이라 불리지 않고 그냥 묘로 불렸어. 그 상황에서 누가 정성을 들였겠어? 그 어진 임금인 세종도 집안 문제에는 냉정했는지 제사를 폐지하여 친정집으로 보내 버리고 영정도 태우게 했다지 뭐야."

그렇게 방치됐던 묘가 빛을 본 것은 260여 년이 지난 현종 10년(1669)이었다. 11월 초하루, 능에 정자각이 완공되고 신덕왕후의 신위가 종묘에 배향됐다. 비가 내렸다. 쓸쓸한 가을비, 한 여인의 원한이 빗줄기로 땅을 두드린 것이었을까? 세상 사람들은 이날 내린 비를 원한을 씻는 비라 하여 '세원지우(洗冤之雨)'라 한다.

부부는 그리 넓지 않은 정릉을 한 바퀴 돌았다. 능에 올라가 석물들을 만져 보고 싶었지만 점잖은 문화인 체면에 그럴 수 없었다. 운동 삼아 걷는 노인들이 보기 좋았다.

"정릉, 이야깃거리는 많지만 볼거리는 별로 없군. 이제 집에 갑시다, 마눌님."

"마눌님? 우리 여보님이 어디서 그런 상스러운 말을 배웠을꼬? 우리 집은 삼보 플러스 여보인데……."

"이제 집에 갑시다, 여보님. 돈 있으면 자장면이나 한 그릇 사 주시든지."

"좋아, 그런데 여기에 정릉이 만들어지면서 주변의 사찰들이 능침사찰로 함께 발전하게 됐거든. 근처의 봉국사란 절이 그렇고 경국사란 절도 그래. 자, 여보님, 1번부터 3번까지 카드가 있습니다. 한 장만 고르세요."

"뭐야? 복불복이야? 2번 카드."

"네, 축하합니다. 경국사가 당첨되었습니다. 이제 경국사로 갑니다."

"이런 된장, 1번과 3번은 뭐였어?"

"1번은 봉국사, 3번은 두 절 다 가는 것."

"안 돼. 무효야. 4번도 넣어야지. 그냥 자장면 먹고 집에 가는 것 말이야."

절이 귀하게 되는 것은 사람의 일

뭉글뭉글 구름 속에 꿈틀거리는 용이 힘차게 조각된 두 개의 기둥이 화려한 지붕을 떠받치고 있다. '삼각산 경국사(三角山慶國寺)'란 현판이 달린 일주문이다. 정릉4동주민센터 앞에서 버스를 내려 극락교를 건너면 바로 일주문이다. 일주문을 들어서면 100m가 좀 넘을 것 같은 오솔길이다. 개울 하나를 두고 차들이 내달리고 아파트가 빼곡한 속세와 적막한 오솔길의 절집이 대비된 풍경으로 놓여 있다. 그래서 다리의 이름이 '극락교'인가?

길이 급하게 휘어지는 곳에 부도와 비가 있었다. 가운데 높직한 기단 위에 종 모양

경국사 초입에 조성된 부도밭에는 자운·보경 스님의 부도와 탑비,
불교대사림편찬발원문을 담은 석물 등이 있다.

으로 만들어진 부도의 주인은 자운 스님이고 그 뒤에 비들과 나란히 세워져 있는 팔

각원당형의 부도는 보경 스님의 것이다. 두 스님의 행적이 담긴 탑비도 있고 책을 펼

친 모양을 한 화강암 조형물도 있었다.

"제목이 '불교대사림편찬발원문'이라고 돼 있네."

"근래 경국사를 중창하신 분이 지관 스님이신데, 동국대 총장을 지낸 스님은 가산

불교문화연구원을 세워 방대한 불교사전을 편찬하고 계시거든. 얼마 전엔 조계종 총

무원장도 하셨어."

"이 부도는 자운 스님의 것이고 저것은 보경 스님의 것인데, 그 두 분도 경국사에서 살았던 스님들이겠지?"

"자운 스님은 여기 사셨던 것이 아니고 지관 스님의 은사이시지. 당대 최고의 율사로 꼽혔던 분이야. 해인사에서 사셨을 거야. 지관 스님도 해인사로 출가하셨고. 이절을 잘 가꾸시고 은사님의 행적을 기리기 위해 부도와 탑비를 세운 것이겠지."

경국사의 역사는 고려 충숙왕 때 자정 율사(慈淨律師)란 분이 절을 짓고 청암사(靑巖寺)라 한 데서 시작된다. 율사에 의해 세워진 절이 오늘날 대표적인 율사들에 의해 빛을 발하고 있으니 역사의 순환성을 되새기게 한다. 율사란 계율을 잘 지키는 스님이란 뜻도 있지만 계율에 대한 학문적 연구에 조예를 가진 스님을 지칭하는 말이기도 하다.

어느 조직이나 정해진 규칙이나 법이 있듯이 불교 교단에도 계율이 있다. 신도들이 기본적으로 받는 신도 5계가 있고 8계, 10계가 기본이다. 비구 스님들이 지켜야 하는 비구계는 250가지이고 비구니계는 348가지나 된다. 스님과 신도를 구별하지 않고 받는 보살계도 있는데 보살도를 지키면서 살겠다는 서원을 반영한 것이다.

『범망경』에서는 보살계를 10가지의 중요한 사항[10중계]과 48가지의 가벼운 사항[48경계]으로 들고 있다. 굳이 따지고 들면 그 내용이 복잡하지만, 계는 청정하게 살겠다는 다짐이고, 율이란 해서는 안 될 일을 하지 못하게 정한 강제성을 띠는 제한이다.

"세상에서는 법률가를 율사라 하니까 불교의 율사와 비슷하네."

"노(No)! 세속의 법률과 불교의 계율을 어찌 한통속으로 보시는지?"

"보경 스님은 어떤 분이었을까?"

"나도 잘은 몰라. 이승만 박사와 친분이 있었다던데. 저기 비석을 읽어 보면 되겠네."

'보경당보현대종사행적비명'이라는 큼직한 글씨가 두 글자씩 세로로 새겨진 머리글 아래 보경 스님의 생애를 기록한 내용이 빼곡했다. 나팔수 씨가 소리 내어 첫 문장을 읽었다.

"동진출가하여 80여 성상을 불법 홍포와 불교의 전통예술 창달에 힘을 기울여 근대한국불교 진흥에 크게 공헌한 스님의 속성은 김 씨 본관은 경주 속명은 보현 법호는 보경이시다……. 순전히 한자투성이네. 눈 아파서 못 읽겠다."

"한자 실력이 달리는 건 아니고?"

"동진출가란 말은 처음 보네."

"어린 나이에 출가하는 것을 뜻하는 말이야. 동자승 있잖아? 근데 요즘은 동진출가보다는 어느 정도 나이를 먹고 출가하는 경우가 많고 학력도 거의 대졸 이상으로 높아졌다더라고."

"요새는 가방끈 짧으면 스님 되기도 힘들어?"

"그런 게 아니고 자신의 인생에 대해 충분히 생각하고 스스로의 선택에 의해 출가하는 사람이 많다는 것이지. 동진출가는 아무래도 어떤 환경적 요인에 의해 이뤄지는 경우가 많았을 테니까."

"그렇군. 한 줄 더 읽어 볼까? 1890년 8월 15일 서울특별시 중구 입정동 10번지에서 아버지 김치준 씨와 어머니 이 씨 부인 사이에서 장자로 태어났다……."

경국사에서 60여 년을 살았던 보경 스님은 단청과 탱화 조성에 뛰어난 기량을 보여 경국사의 각 전각과 강화도 전등사, 삼막사, 낙산사, 오대산 상원사, 삼각산 문수사 등에 작품들이 남아 있다. 또 보신각 경회루 경복궁 등 많은 목조문화재에 단청을 시공했다.

보경 스님은 성품이 강직하기로 소문이 났다. 여성 불자가 짧은 치마를 입고 오면 절 밖으로 내쫓았고 하이힐을 신고 와서 또각또각 소리를 내면 구두 굽을 잘라 버렸다는 이야기가 전해질 정도. 개신교도였던 이승만 대통령이 경국사에 들렀다가 스님의 성품과 전통문화에 대한 조예에 감화되어 자주 만나게 되었다. 혹자는 이승만 대통령의 소위 '정화유시', 즉 "대처승은 절에서 물러나라"는 분부(?)가 나온 것도 보경 스님의 영향을 받은 것이라고 말한다.

1953년 11월에 미국의 닉슨 부통령이 한국을 방문했는데, 이승만 대통령이 그를 경국사로 안내했다. 한국의 전통문화를 보여주고 싶었기 때문이다. 닉슨은 훗날 한국방문 중 가장 인상 깊었던 곳이 경국사라 회고했다고 한다. 그러고 보면 절이 귀한 것은 단순히 역사가 오래되고 문화재가 있어서가 아니라 절을 그렇게 만드는 사람의 역할이 크기 때문이 아닐까?

절집에 담긴 뜻

"와, 예쁘다."

지혜장이 쪼르르 달려가 발걸음을 멈추고 합장 삼배를 올린 곳은 길가의 작은 우물 앞. 물은 고여 있지만 먹을 수 있는지는 모르겠고, 그 우물 위에 마련된 석단에 화

경국사 진입로 우물 위에 마련된 작은 불단.

강암으로 다듬은 작은 불상 세 기가 있었다. 키가 20㎝쯤 될까? 불상 앞에는 스테인

리스 다기(茶器)가 놓여 있고 뒤에는 자연석을 세우고 나무지장보살 나무아미타불

나무관세음보살이라고 각 불상의 명호를 표시했다. 그래서 작지만 제법 격조 있는

노천 불단이 되었다.

　절 앞마당에 서니 오른쪽 만월당을 새로 짓고 있었다. 정면의 높다란 2층 건물에

는 중간에 관음성전(觀音聖殿), 오른쪽에 화엄회(華嚴會), 왼쪽에 법화회(法華會)라는

현판이 걸려 있다. 화엄회와 법화회라는 현판은 다로경권(茶爐經卷)이란 현판과 함께

근대의 명필 해강(海岡) 김규진의 솜씨다. 이 커다란 건물에는 빙 둘러가며 여러 개의

현판이 걸려 있다. 백련(白蓮) 지운영이 쓴 보화루(寶華樓), 이승만 대통령이 쓴 경국

사 현판이 있고 무량수각과 동국선원이라는 현판은 추사체다. 추사의 진품이 아니

라면, 혹 대원군이 이 절에도 다녀가신 걸까?

아래층을 식당과 신도 방으로 쓰고 위층을 각종 법회와 모임을 위해 쓰는 관음성전이 경국사 신행활동의 중심이라면 신앙의 중심은 당연히 본당인 극락보전이다. 정릉의 능침사찰로 사격을 일신했으니 당연히 신덕왕후의 극락왕생을 빌기 위해 아미타 부처님을 도량의 중심에 모셨을 것이다. 촘촘한 계단을 올라가 매우 단아한 극락보전의 문을 여니 향 내음이 온몸을 감싸는 듯했다. 잘 정돈된 법당으로 들어가며 나팔수 씨가 조용히 물었다.

"극락보전에 계시는 부처님이 아미타불 맞지?"

그리 크지 않은 아미타 삼존불. 그 뒤로 입체감이 분명한 조각이 눈에 띄었다.

"어, 그림이 아니네?"

삼배를 하고 앉으며 나팔수 씨가 지혜장과 불단을 번갈아 바라보았다. 불단은 공양물을 올리는 부분과 부처님이나 보살님을 모시는 부분 그리고 탱화나 탱을 모시는 부분으로 구별된다. 모셔진 부처님이나 보살님이 어떤 분이냐에 따라 뒤의 배경도 달라진다. 중심에 석가모니 부처님이 모셔져 있으면 일반적으로 뒤의 탱화는 영산회상도를 걸게 된다. 그러니까 건물의 이름과 모셔진 부처님(혹은 보살님), 탱화의 내용 등이 다 맞아야 제대로다. 그러나 우리나라 사찰 가운데 전각의 이름과 모셔진 불보살님 그리고 불화와 각종 장엄물들이 정확하게 교리에 맞지 않는 경우가 많은 게 현실이다.

"왜 그럴까?"

"글쎄, 내가 생각하기로는 절의 역사는 긴데 여러 차례의 전쟁이나 어려운 시대상황 때문에 상황에 맞춰 절을 구성하다 보니까 그렇게 되지 않았나 싶어. 그런 상황이

경국사 극락보전 후불탱은 정교한 조각과 입체감 등이 뛰어난 조각 솜씨를 보인다.
조선시대에 제작된 것으로 보물 제748호.

별 문제의식 없이 계승되다 보니 지금도 수정·보완되지 못하는 것이고.”

　“어쩔 수 없는 상황에 의한 오류는 용서가 돼도 ‘인식 부족’이라는 애매한 논리는 왠지 비겁한 변명 같다. 요즘 같은 세상에 지침서 한 권이면 다 바로잡을 수 있을 텐데 말이야.”

　“종교란 영역이 원래 그렇게 일사불란하지 않거든. 관습에 대한 집착이 의외로 강한 게 오늘날 불교계의 내면이기도 해. 저기 봐, 부처님 뒷부분이 그림이 아니라서 의외지? 저렇게 조각으로 된 것을 후불탱(後佛幀) 혹은 그냥 탱이라고 불러. 한자로는 휘장을 의미하는 '당(幢)' 자를 쓰지. 그림으로 묘사된 것을 탱화라고 하는 거고. 그러니까 저렇게 부조기법으로 모셔진 탱과 평면화로 그려 모신 탱화는 엄격히 다른 거지. 그런데 대부분의 사람들은 전부 탱화라고 부르지. 저 후불탱은 보물 제748호인데 경국사의 자랑이야."

"내가 늘 불교는 어렵다고 하는 것이 바로 이런 점이야. 종교가 하나하나의 의식(儀式)이나 사물에 그 나름대로의 의미를 부여하고 이름을 붙이고 의미를 해석하는 것은 당연하다고 봐. 한자공부 하기 싫은 사람이 공자의 정신을 배울 수 없듯, 종교마다 지닌 고유의 용어와 의식에 대한 이해를 거부하는 사람이 그 종교를 다 이해할 수 있겠어? 불교의 경우 스스로 불교를 어렵게 만드는 것이 문제라고 생각해. 한마디로 친절하고 상세하게 가르쳐 주질 않는다는 거지. 내 불만은 그거야."

"햐, 우리 여보님. 나를 꼼짝 못하게 만드시네요. 맞습니다, 맞고요. 나도 늘 그렇게 생각해. 불교계는 처음 들어온 불자들을 위해 친절하지 못한 면이 있어. 그 깊은 교리를 이해시키고 그 다양한 신행 패턴을 이해시키려면 뭔가 체계적인 매뉴얼이 있어야 하는데 그게 없거든. 그러니 우리라도 차근차근 공부를 하면서 하나하나 알아 나가자고요."

나팔수 씨는 속으로 '아차, 이게 아닌데. 괜히 흥분해서 또 엮여 드는 건 아닐까?' 하며 화제를 다른 곳으로 돌리려 했다. 그러나 눈치백단 지혜장이 먼저 선수를 친다.

"오늘 집에 가서 전각과 불보살님 그리고 탱화 등에 대해 조사해서 일목요연하게 정리해 볼까요?"

"허거덕~."

경국사 경내 풍경.

경국사는 경내가 매우 정갈하다. 그리 넓지 않은 공간에 건물들이 추녀를 맞대고 있지만 좁다는 느낌이 들지 않고 어느 전각 앞에서나 진한 향이 느껴진다. 극락보전 오른쪽 옆으로 명부전과 영산전 산신각 천태성전이 깨끗한 길을 따라 자리하고 있다. 푸른 시누대가 바람에 서걱서걱 소리를 내니 전각들을 오가는 발길이 바다를 걷는 듯하고 깊은 산길을 걷는 듯하기도 했다.

그날 밤, 나팔수 씨는 일찌감치 피곤한 몸을 이불 속에 파묻었다. 까무룩 잠이 드는 참인데 지혜장이 소리쳤다.

"아차, 뭔가 정리할 게 있었지."

'그럼 그렇지. 그냥 자는가 했더니, 낼 아침에 숙제 하나 받겠군.'

나팔수 씨의 예감은 적중했다. 다음날 아침 지혜장이 밝은 목소리로 숙제를 던졌다.

"여보님, 어젯밤 쿨쿨 잘 주무시는 사이에 제 나름대로 정리한 것이니 갖고 가서 다섯 부쯤 코팅해 오세요. 그리고 어보님 책상에도 한 장 붙여 놓고 틈틈이 보시도록."

지혜장이 내미는 A4용지의 앞뒤 빽빽한 칸 속에는 작은 글씨들이 적혀 있었다.

전각 불상(보살상) 불화에 대해

전각	불상(보살상)	불화	내용
대웅전 대웅보전	석가모니불 삼세불(석가, 아미타, 약사여래)	석가모니후불탱화 영산회상도	영산회상도는 석가모니부처님이 영축산에서 법화경을 설하는 장면.
팔상전 영산전	석가모니부처님 미륵보살 제화갈라보살	석가모니후불탱화 팔상탱화	석가모니부처님의 일생을 여덟 부분으로 나누어 묘사함. 도솔래의상·비람강생상·사문유관상·유성출가상·설산수도상·수하항마상·녹원전법상·쌍림열반상.
대적광전 화엄전 비로전 대광명전	비로자나불 노사나불 석가모니불	삼신불탱화(법신 보신 화신) 7처9회 화엄변상도	청정법신 비로자나불을 중심으로 원만보신 노사나불, 천백억화신 석가모니불을 모심.
극락전 아미타전 무량수전 수광전	아미타불 관세음보살 대세지보살 (지장보살)	아미타후불탱화 16관경변상도 아미타래영도 극락회상도	서방정토의 주불로서 관세음보살과 대세지보살(지장보살)을 거느리고 중생들의 무량수명과 광명을 보장하며 극락왕생을 보살펴 주시는 아미타부처님.
약사전	약사여래 일광보살 월광보살	약사여래후불탱화	동방유리광세계의 주불. 질병치료와 수명연장, 재앙소멸 등으로 중생들을 제도하시는 약사여래부처님.
용화전	미륵불 법화림보살 대묘상보살	미륵용화정토탱화 미륵하생경변상도	석가모니부처님께 미래에 성불하리라는 수기를 받고 56억7천만년 후 사바세계에 출현하여 중생들을 구제하는 미래불 미륵부처님.
천불전 불조전	53불 천불 삼천불(삼천불전)	53불탱화 천불탱화 삼천불탱화	다불사상에 입각해 온 우주에 두루 주재하시는 모든 부처님들을 상징적으로 모심.
원통전 관음전	관세음보살 남순동자 해상용왕	성관음도 백의관음도 천수관음도 11면관음도	천 개의 손과 천 개의 눈으로 중생의 소리를 들으시고 관찰하시어 온갖 고통에서 구제해 주시는 대자대비의 관세음보살을 모심.

전각	불상(보살상)	불화	내용
명부전 지장전	지장보살 도명존자 무독귀왕 지옥10왕 판사 녹사 사자 귀왕 나찰 장군 동자 등	지장탱화 지방10왕도 시왕지옥도 감로탱화(영단)	석가모니부처님 입멸 후로부터 미륵부처님 출현 전까지 6도에 몸을 나타내어 모든 지옥중생이 다 성불하기 전에는 성불을 하지 않겠다고 서원한 지장보살을 모심.
응진전 나한전	석가모니불 미륵보살 제화갈라보살 16나한 오백나한	석가모니후불탱화 16나한도 오백나한도	석가모니부처님께 가르침을 받아 번뇌를 멸하고 세간에 교법을 수호하고자 서원한 16제자와 아라한과를 증득한 500명의 성자를 모심.
조사전 불조전	조사상 33조사	진영탱화 (조사 국사 율사 선사 등)	선종의 조사와 그 사찰에 업적을 남긴 큰스님 진영 등을 모심.
산신각	산신	산신탱화	우리나라 전통신앙이 불교에 접합되어 들어온 산신을 모심.
칠성각	치성광여래불 일광보살 월광보살	칠성탱화 칠성여래도 각부탱화	도교에서 불교로 유입된 신앙으로 북두칠성이 길흉화복을 다스리는 내용.
독성각	나반존자	독성탱화	천태산에서 홀로 수행하여 깨달음을 얻은 빈두라 존자를 모심.
종각	범종 법고 운판 목어(불교의 4물)		범종 : 지옥중생 제도 법고 : 축생(짐승) 제도 운판 : 날짐승 제도 목어 : 수중생명 제도
금강문	금강역사 문수 보현 동자	문지기 그림	부처님의 가르침에 귀의하여 불교를 수호하기로 서원한 고대 인도 신화의 두 신. 오른쪽 나라연 금강, 왼쪽 밀적금강.
천왕문	사천왕 사천왕상	사천왕탱화	욕계 6천의 4방을 다스리며 불법을 수호하는 천왕들. 동방:지국천왕 남방:증장천왕 서방:광목천왕 북방:다문천왕

〈동국불교미술인회 엮음, 알기 쉬운 불교미술 참고〉

삼천사

산신님께 잘 보이면 만사OK!
토끼도 알고 있다

설산동자가 진리의 말씀 한 구절 듣기 위해
기꺼이 몸을 바쳤던 것처럼
한 생명의 기쁨을 위해 다를 바칠 수 있는
사람이고 싶습니다
나의 기쁨에 목숨 거는 사람이기보다는
남의 기쁨에 나를 바치는 숭고함을 지니고 싶습니다
자본주의 속성이 그러하니 어쩔 수 없다고
말하지 않았으면 좋겠습니다
나를 위해 남을 소외시킨 업보가 되돌아 오는 것을
자각할 때가 되었습니다
한쪽에선 음식이 썩어가고 다른 한쪽에선
굶은 아이 시체가 썩어가는 지옥도를 더 이상
보지 않는 세상을 만들고 싶습니다
내 작은 기도로 극락의 꽃은 싹을 틔웁니다

큰 산에는 큰절이 있네

깊은 계곡은 모성(母性)이다. 생명이 깃들어 숨을 쉬게 하기 때문이다. 물 맑은 계곡은 삶에 지친 사람들에게 휴식의 공간이 된다. 산봉우리가 남성적인 기개를 길러준다면 계곡은 여성적인 안온함으로 생명을 감싼다.

"서울에 삼각산이 있다는 것은 행운이야. 이 산이 없으면 얼마나 살벌한 도시가 될까?"

북한산 삼천리골에 도착한 부부는 숲을 가득 채운 연둣빛 잎들의 성찬(盛饌)에 도취되어 몸도 마음도 가볍기만 하다. 그러려니 하고 살았는데, 나팔수 씨의 말을 듣고 보니 서울에 이토록 좋은 산이 있다는 것이 새삼 고맙게 느껴졌다.

"산도 좋고 계곡도 좋고 나무도 바위도 다 좋은데 저건 좀 그렇다 그치?"

지혜장이 길가에 설치된 군사시설들을 가리켰다.

"오, 각개전투훈련장, 저긴 수류탄투척훈련장이구먼. 길 옆에 저런 시설이 있으니 보기에 좋지는 않네. 그러나 어쩌겠어. 나라가 두 동강 나 있으니. 방심하면 천안함 사건이 또 나지 않으란 법도 없고……."

부부는 상쾌한 산 공기를 마시며 걷다가 갑자기 맘이 무거워졌다. 지혜장이 밝은

삼천사 마애여래입상은 계곡 병풍바위에 새겨져 있는데
전체 높이는 3.2m이고 불상의 높이는 2.6m다.
고려시대 불상의 대표작 가운데 하나로 꼽히며
돌을새김을 한 모습이 매우 안정적이다.

목소리로 분위기 반전을 시도했다.

"여기서 잠깐, 여보님께 퀴즈 하나. 북한산에 절이 많은 이유는?"

"그걸 문제라고 내냐? 명산대찰이라. 산이 좋으니 절이 많은 거지."

"그래 맞아. 하지만 그건 30점이고, 또 다른 이유가 있지. 북한산에 성이 둘러쳐진 것은 적의 침입에 대비한 거잖아. 북한산은 백제 때부터 군사적으로 중요한 곳이었잖아? 임진왜란과 병자호란을 겪은 조선 중기에는 산성이 본격적으로 쌓아지고 승군(僧軍)들이 상주했대. 그래서 산성에 큰 절들이 생기고 스님들도 많이 살게 된 거야."

"그럼 승군은 스님이야 군인이야?"

"평소엔 스님으로 수행을 하고 전란이 발생하면 나라를 위해 칼을 들어야 하는 거지. 불교의 가르침은 불살생이지만 전쟁에서 나라를 지키기 위해서는 어쩔 수 없는 선택이겠지."

"이 산은 그렇다 치고, 다른 큰 산에도 절이 많은데……."

사찰은 평지에도 있고 산에도 있다. 산이 많은 나라니까 산사가 더 많지만, 원래 절이 산에 있었던 것은 아니다. 산에 절이 많은 이유는 여러 가지로 생각해 볼 수 있다. 우선 전통적으로 내려오는 산악숭배사상을 들 수 있다. 산을 경배의 대상으로 여기는 산악신앙 말이다. 연화봉 비로봉 등 명산 봉우리에 불교적인 이름이 붙은 것도, 절에 산신각을 지어 산신을 모시는 것도, 산악신앙과 불교의 결합이다.

외적의 침략을 자주 받다 보니 산에 절을 지어 나라의 안녕을 기원하고 또 전략요충지로 활용하기도 했다. 세속을 초월하고자 하는 수행풍토, 도선 국사가 주창한 풍수지리학, 산에 절을 지어 국토의 기운을 조절하는 산천비보설(山川神補說)도 절을 산으로 올라가게 한 이유다. 조선조의 억불정책은 두말할 필요도 없겠다.

스님 3천 명이 살던 도량

맑은 계곡물 건너 물소리를 들으며 오르니 '대한불교조계종 삼각산 적멸보궁 삼천사'란 돌기둥이 세워져 있다. 양쪽에 석등도 있다. 거기서부터 본격적인 경내(境內)가 되는 셈이다.

"적멸보궁이 뭐지?"

"부처님의 진신사리를 모신 절이란 뜻이야. 적멸이란 절대적인 고요라는 뜻으로 완전한 열반을 말하는 거야. 완전한 열반을 이루신 분은 부처님이시고. 그러니까 부처님의 사리는 절대적인 고요의 상징이자 영원불변한 진리의 상징이기도 하지. 뭐, 그 자체가 부처님을 상징하는 것이기도 해서 부처님 사리를 모신 곳을 적멸보궁이라고 하는 거야."

"아, 그러고 보니 우리나라 5대 보궁이 어디어디란 얘길 들은 것 같네."

"북쪽에서부터 치면 설악산 봉정암, 정선 함백산 정암사, 평창 오대산 상원사, 영월 사자산 법흥사, 양산 영축산 통도사야. 모두 신라 때 자장 율사께서 중국에서 문수보살님께 진신사리를 받아와서 전국에 모신 거야. 그런데 강원도 고성 건봉사의 경우도 적멸보궁이라고 해. 임진왜란 때 통도사 진신사리 일부를 일본이 도굴해 갔는데 사명 대사께서 찾아오셔서 건봉사에 모셨거든. 그렇게 치면 6대 보궁이 되는 셈이지."

"임진왜란, 쪽발이들은 뺏어 가지 않은 게 없군. 일제강점기 때도 그렇고."

삼천사(三千寺)는 계곡의 양 옆을 이어 형성된 절이다. 그래서 어디서나 귀를 기울이면 콸콸콸 물소리가 들렸다. 속세에서 쌓아온 번뇌를 다 씻어버릴 수 있을 것 같았다. 널쩍한 마당 복판에 5층석탑이 있고 왼쪽에는 쉼터, 오른쪽에는 연찬전(연수원)이 있다. 그 위쪽으로 높은 단 위에 지장보살입상이 근엄하게 서 있었다. 부부는 쉼터에 들어가 자판기 커피를 한 잔씩 마셨다. 사찰에 들어서자마자 쉼터가 있어 좋았다. 등산객이 많이 다니는 절이다 보니 편의 시설을 해 둔 것일 터. 지혜장은 쉼터에 비치된 여러 홍보물 가운데 삼천사 안내 팸플릿을 챙겼다. 삼천사의 역사와 현재의 건물 등에 대한 자세한 안내 글이 적혀 있었다. 눈으로 '삼천사 연혁'을 읽었다.

삼천사 연혁

삼천사는 661년(신라 문무왕 1) 원효 대사가 개산했으며 1481년(조선 성종 12)에 편찬된 『동국여지승람』에 따르면 3천 명의 스님들이 수행할 정도로 번창했다고 하며 사찰 이름도 이 숫자에서 유래한 것으로 추측된다. 임진왜란 때에는 승병의 집결지 역할을 했으나 그때 소실되었는데 진영 화상이 마애여래 길상터에 암자를 짓고 삼천사란 이름으로 다시 복원했다. 1970년 현재의 주지 평산 성운 스님이 마애여래입상이 천년 고불임을 입증하여 보물로 지정 받았고 30여 년 중창 불사를 통해 대웅보전 산령각 천태각 연수원 요사채 등의 건물과 세존진신 사리탑 지장보살입상 종형사리탑 관음보살상 5층석탑 중창비 등을 조성했다. 수많은 참배객들의 기도도량 참회도량 수행도량으로 확고히 자리 잡고 있다.

삼천사 5층석탑과 지장보살상.

사찰에서 2㎞ 위쪽에 위치한 옛 삼천사 터에는 대형 석조와 동종 연화좌대 석탑 기단석 석종형부도 대지국사 법경의 비명이 남아 있는데 동종은 보물로 지정 받아 국립중앙박물관에 보관되어 있다.

"여보님, 이 탑은 1988년 서울올림픽이 열리던 해에 세워졌네요. 미얀마 마하시사 사나 사원에서 아판디타 대승정으로부터 전수 받은 나한사리를 봉안했다고 하는군 요."

"나한님 사리도 탑에 모시는구나."

"그럼. 스님들의 사리를 모신 탑도 있잖아. 부도라고 하지. 그러니까 불탑(佛塔)은 부처님은 물론이고 여러 스님(스승)들의 사리를 모시는 총체적인 개념인 거야."

"사리가 안 들었으면 탑이 아니겠네?"

"글쎄, 조형물로서의 탑이 될 수는 있겠지만 신앙적 상징이나 경배의 대상이 될 수는 없겠지."

부부는 깨끗한 화강암 계단을 밟고 지장보살입상 앞으로 올라갔다. 가람 전체를 굽어보고 계시는 지장보살님은 키가 6m에 이른다.

지장보살님은 다른 보살님들처럼 화려한 관을 쓰지 않는다. 지옥의 모든 중생이 다 성불할 때까지 자신의 성불을 보류한 분이 지장보살님이다. 그래서 '대원본존 지장보살(大願本尊 地藏菩薩)'이라 부르기도 한다. 그 큰 원력을 성취하기 위해 언제나 비구의 모습으로 중생 곁에 머무시겠다는 의미를 부각시키기 위해 화려한 보관을 쓰지 않고 스님의 형상을 하고 있다. 생각해 보라. 중생계와 지옥계를 넘나드시려면 얼마나 바쁘시겠는가? 간편 복장이 당연하다.

기단 위 둥근 좌대에는 빙 둘러가며 '심우도(尋牛圖)'를 새겼고 그 위 팔각의 좌대에는 도명존자와 무독귀왕 그리고 시왕을 조각했다. 다시 연꽃잎이 아래위로 조각된 두꺼운 좌대 위에 성상(聖像)을 모셔서 매우 격조 있고 존엄한 모습이다. 지장보살님은 오른손에 보주를 들고 왼손은 손가락을 약간 둥글게 오므린 채 아래로 늘어뜨렸다.

"여기 아랫부분의 심우도는 선불교에서 마음을 찾아 길들이는 과정을 소에 비유해서 그린 그림이야. 지장신앙과 다소 거리가 있을 수도 있지만, 자신의 마음을 평온하게 하는 것이 불교 수행의 근본적인 목적이니까 굳이 따질 필요는 없겠지."

"한 마음 편한 그곳이 극락일세!"

아내의 설명이 팍! 와 닿지 않는 나팔수 씨는 별 대꾸 없이 옆의 종각을 둘러보고 퉁명스레 한마디 던졌고 지혜장은 입을 가리고 웃었다.

바위에 새긴 지극한 마음

일주문에 그려진 금강역사는 부처님의 법과 도량을 수호한다.

"어, 여기도 문에 그림이 그려졌네. 청룡사에서 봤던가? 이분들이 누구시더라?"

'삼각산 삼천사'라는 큼직한 현판이 걸린 일주문을 들어서려다 양쪽 문짝에 그려진 그림을 보고 나팔수 씨가 말했다.

"금강역사."

"맞다, 금강역사. 근육질의 아저씨들, 아주 힘세게 생겼어. 좀 살벌하기도 하고……."

금강역사(金剛力士)는 원래 고대 인도에서 문을 지키는 신이었다. 두 분의 이름은 밀적(密跡)금강과 나라연(那羅延)금강이다. 두 분이 함께 그려지거나 조각될 때 주로 왼쪽에 위치하는 밀적금강역사가 방어하는 자세를 취하는데 부처님의 비밀한 사적을 알고 법을 수호하는 역할을 맡는다. 반면 오른쪽의 나라연금강역사는 다소 공격적 자세를 취하며 사람들이 부처님의 지혜를 배우고 중생구제를 하는 데 어려움이 없도록 도움을 주는 역할을 한다. 코끼리 100만 배의 힘을 가졌다고 한다. 대문에 그림으로 금강역사를 그린 까닭도 불법을 수호하고 실천하는 데 장애가 없길 바라는 마음의 표현이다. 큰 절의 경우 금강문이 따로 있어 그 안에 금강역사상을 모신다.

"아이 귀여워라. 여보님, 이 두꺼비 좀 봐"

대웅보전으로 올라가는 계단 맨 위의 양쪽에는 두꺼비 부부가 있다. 오른쪽에는 남편 두꺼비가 눈을 껌뻑이며 아래를 내려다보고 있고 왼쪽의 아내 두꺼비는 등에 아기 두 마리를 업고 있어 앙증맞다.

"계단 아래는 양쪽에 해태를 세워두고 위에는 두꺼비라. 그러니까 해태를 통과하면서 악귀를 물리치고 대웅보전까지 올라왔으니 다복한 생활을 할 수 있다는 의미인가?"

"역시, 여보님의 해몽은 일품이야."

정면 5칸 측면 2칸의 전통 맞배지붕의 대웅보전은 밖에서 보기보다 훨씬 넓었다. 중앙 불단의 근엄함과 화려함의 조화가 경건한 분위기를 자아냈다. 석가모니 부처님과 왼쪽에는 문수보살님, 오른쪽에는 보현보살님이 모셔져 있고 그 뒤는 영산회상도를 새긴 목탱이다. 전체적으로 금을 입혔다. 불단 좌우에는 오백나한님들이 갖가지

표정으로 앉아 계시고 16나한님은 좀 크게 조성되어 중간에 일렬로 앉아 계신다. 왼쪽의 영단에는 나무 위패가 가득 걸려 있는데, 가운데 아담한 닫집 아래 지장보살님이 서 계시는 독특한 모양이다.

"법당 내부가 상당히 안정적이면서도 장엄하다 그치?"

"그래, 그동안 지은 죄가 다 녹아버릴 것 같다."

대웅보전을 나온 부부는 왼쪽으로 돌아갔다. 다시 몇 개의 계단을 올라가니 넓은 터가 나왔다. 왼쪽에는 석종형의 세존사리탑이 사각의 기단석 위에 모셔져 있고 오른쪽에는 사리탑비가 세워져 있다. 그리고 3개의 계단을 올라선 곳은 마애여래입상(보물 제657호)을 참배하는 공간이다.

"세존사리탑이 있어서 이 절을 적멸도량이라고 하는구나."

나팔수 씨의 말에 지혜장은 고개를 끄덕이고 사리탑을 향해 합장을 했다. 그리고 팸플릿을 펼쳤다. 석종형 세존사리탑에는 주지 성운 스님이 미얀마 마하시사사나 사원에서 아판디타 대승정으로부터 전수 받은 3과의 세존사리를 봉안하며 올림픽의 성공을 기원했다는 내용이 소개되어 있다.

"마애불이란 바위에 새긴 불상을 뜻하는 건가?"

"그렇지. 마애불은 인도에서도 오래전부터 조성됐어. 아프가니스탄의 카불에 있는 바미얀 석불들도 유명한데 몇 년 전에 탈레반이 훼손했지. 중국의 여러 석굴이나 우리나라에서도 많이 조성됐고. 성스러운 부처님을 바위에 새기고 경배하는 지극한 마음이 어느 나라 어느 시대인들 없겠어?"

삼천사 마애여래입상은 계곡 병풍바위에 새겨져 있는데 전체 높이는 3.2m이고 불

미얀마 마하시사사나 사원에서 기증받은 3과의 세존진신사리를 모신 삼천사 세존사리탑.

상의 높이는 2.6m다. 고려시대 불상의 대표작 가운데 하나로 꼽히며 돋을새김을 한 모습이 매우 안정적이다. 옛날에는 채색을 했었는지 붉은 물감 자국 같은 것이 보인다. 광배와 얼굴 모양의 두툼한 선이나 옷자락의 표현 등이 사실적이어서 절을 하며 올려다보면 부처님이 걸어 나오실 것 같다. 양쪽 어깨 옆에 네모난 구멍이 있는데 나무를 끼워 지붕을 얹었던 흔적이다.

오른쪽으로 다시 계단이 있고 두 개의 전각이 있다. 앞쪽의 2층 건물이 산령각이고 그 뒤의 작은 벽돌 건물은 천태각이다.

"천태각은 나반존자를 모신 곳이지?"

앞문을 이중으로 한 천태각에 들어가니 기름 타는 냄새가 그윽했다. 가운데 나반존자상과 좌우의 16나한상은 매우 투박하면서도 정감이 있다. 앉은 모양이나 바라보는 곳이 제각각인 나한님들은 비교적 살이 통통해 좀 익살스럽게 보인다. 나반존자님은 삼각산에서 채취한 자연석으로 조성했고 16나한상은 전국의 명산에서 가져온 돌로 조성해 모신 것이다.

연꽃 모양의 인등은 기름을 채워 심지에 불을 붙였다. 그래서 입구 문에 '인등이 꺼지오니 문을 꼭 닫아 주세요'라는 글이 붙어 있다. 대부분의 절에서 전구를 이용하는 요즘, 이렇게 불을 꺼뜨리지 않고 기도를 올리는 법당이 있다니 의외다.

"불 안 꺼지게 하려면 기름 채우는 데 신경 써야 하겠네. 다른 절에선 전기로 하더구먼."

"정성이지. 정성 들이지 않고 되는 일이 있나. 종교를 믿는 것도 정성이 전부야."

다시 계단을 올라 2층 산령각. 호랑이 담뱃대에 불을 붙여주는 두 마리의 토끼가 그려진 벽화가 인상적이다.

"허허, 호랑이 담배 피우던 시절, 토끼들이 고생 좀 했겠구먼."

삼천사 산령각은 전국에서 가장 큰 산신각으로 꼽힌다. 삼각산의 산신신앙을 적극적으로 수용한 것이다. 우리나라 불교는 산악신앙과 상당히 밀접하고 그 중심에 산신신앙이 있음을 상기하자.

산령각 내부 역시 장엄했다. 목각으로 큼직하게 새겨진 산신도는 산신과 호랑이,

동자들이 주인공인데 모두 황금빛이다. 좌우에는 독성탱화와 칠성탱화가 모셔져 있다. 부부는 얼른 삼배를 하고 나왔다. 가녀린 젊은 여성 신도가 방석을 두 개 겹쳐 놓고 기도를 하고 있는데 매우 엄숙한 분위기였다.

산령각에서 아래쪽을 내려다보니 경치가 일품이었다. 세존사리탑 앞의 문을 통해 나가면 위로 올라가는 등산로다. 계곡에는 바위마다 돌탑이 정겹게 쌓여 있었다. 부부는 종무소 앞에 설치된 게시판을 보았다. 아까는 그냥 지나쳤던 곳이다. 한쪽에는 불교계 신문들이 붙어 있고 한쪽에는 노인요양시설인 인덕원 후원 안내 포스터가 붙어 있었다.

"아참, 여보님. 삼천사 주지스님께서는 사회복지에 관심이 많으셔서 일찍부터 불교복지 활동을 펼치셨대. 박사학위까지 받으신 분인데, 저 아래 노인복지시설인 인덕원을 비롯해 어린이 청소년 시설은 물론 도서관과 복지관 등 20개가 넘는 복지시설을 운영하신다고 하더라고. 대단하지?"

"실천 없는 종교는 종교가 아니라 관념놀음이지. 불교를 깨달음의 종교라고 하는데, 부처님이 깨달으신 것을 제대로 배워서 실천하는 것이 더 옳은 정의가 아닐까 생각해. 우리 지혜장 보살님 생각은 어떠신지?"

"누가 안 보면 뽀뽀라도 해 주고 싶네. 우리 여보님."

부부의 웃음소리에 5월의 숲이 더욱 싱그럽게 부풀어 오르는 듯했다.

삼천사 산령각(위). 인공연못의 돌거북(아래)은 자연석이다.

천축사

문 없는 문을 어떻게 열지?
안 열면 열린다

닫겠습니다.
밖으로 향하는 모든 문
닫아 잠그겠습니다.
열겠습니다.
안으로 향한 모든 문
열어 환한 소식 들릴 때까지
숨구멍조차 열겠습니다.
문을 닫으면 시간이 닫히고
문을 열면 마음이 열립니다.
문을 닫으면 세상이 닫히고
문을 열면 부처의 길이 열립니다.
무엇을 열고 무엇을 닫는가?
열고 닫는 의미마저 닫겠습니다.
그저 그렇게, 문을 닫고 나를 열겠습니다.

무문관 수행의
원조 사찰

'대도무문(大道無門).'

지혜장이 굵직한 글씨 한 점을 받아왔다. 수행카페 오프라인 모임에서 서예학원을
운영하는 회원에게 받은 것이다.

"대도무문이라. 그거 전에 김영삼 대통령이 신년 휘호로 써서 유명해진 구절이잖
아."

"그래, 하지만 불교에서 말하는 대도무문은 YS가 쓴 의미와 다르지. YS는 그저 바
른 길[正道]을 가는 사람의 당당함을 말하고자 했고, 선불교에서는 깨달음에 이르는
길에는 장애가 없다, 혹은 장애를 거침없이 물리치고 깨달음에 들어간다는 뜻이야."

"그 '도(道)' 자를 '훔칠 도(盜)' 자로 바꾸면 또 다른 뜻이 되지. '큰 도둑에겐 문이
필요 없다'고 말이야. YS가 대도무문을 외치고 그 아들이 대도(大盜) 노릇을 했을 때
나온 말이야."

대도무문은 중국의 무문 혜개(無門慧開 · 1183~1260) 선사가 읊은 게송에서 비롯된
말이다. 이 구절이 선승들에게 중요한 화두가 되었고, 무문관(無門關) 수행이라는 독

천축사에서 바라본 만장봉의 우측 바위가 보살상이다.

특한 수행 전통도 만들어졌다. 우리나라의 무문관 수행도 근래 붐을 일으키고 있다.

"무문관이란 말 그대로 '문이 없는 문'이란 뜻이지. 좀 어려운 말이지만. 암튼 무문관 수행은 좁은 방에 들어가서 바깥에 절대 나오지 않고 조그만 구멍[供養口]으로 하루 한 번, 그러니까 오전 11시쯤 식사가 들어가지. 그 구멍은 식사가 들어가고 빈 그릇이 나오면서 안의 수행자가 잘 있는지 확인하는 유일한 소통의 장치이기도 하지."

"그 안에서 뭐하는데?"

"뭐하긴, 정진하지."

"그러니까 그 정진이 뭐냐고. 무엇을 어떻게 하느냐 이거야."

"주로 좌선을 한다고 하던데……."

한번 무문관에 들어가면 길게는 6년까지 바깥출입을 하지 않고 정진한다. 부처님께서 설산수행을 6년 하신 것에 맞춘 것이다. 중간에 못 견디고 뛰쳐나오는 경우도 있지만, 그 기간 동안 하루도 눕지 않는 장좌불와(長坐不臥)를 하기도 하고, 일정 기간을 정해놓고 잠을 자지 않으며 참선하는 용맹정진(勇猛精進)을 하기도 한다. 물론 운동도 하고 나름대로 혼자 정해둔 시간표에 맞춰 규칙적인 생활을 한다. 말이 6년이지 문 밖 한번 안 나오고 그 긴 시간을 견디는 그 자체만으로도 큰 수행이 아닐 수 없다.

"대단한 각오가 아니면 안 되겠군. 그렇게 해서 문 없는 문을 연다는 것인데, 거 참, 문 없는 문을 어떻게 열지?"

절경 속의 도량
구석구석 정갈함 가득

대도무문(大道無門)	대도를 깨닫는 고정된 문은 없지만
천차유로(千差有路)	그 문은 또한 어떤 길에도 통하고 있으니
투득차관(透得此關)	이 문 없는 관문을 통과한다면
건곤독보(乾坤獨步)	그 사람은 천지를 활보하여 자유자재하리라.

부부는 지하철 1호선 도봉산역에서 내렸다. 승용차를 타고 오면 편하긴 하지만, 도봉산 입구 주차비가 10분에 400원이라는 말을 듣고 바로 꼬리를 내렸다. 어차피 운동 삼아 걷고 무문관의 원조를 보고자 나선 길이니 걷기를 마다할 이유는 없었다. 지하철에서 지혜장이 나팔수 씨의 손에 쥐여준 메모에는 무문 혜개 선사의 게송이 적혀 있었다.

"뭔가 큰 기상이 들어 있는 느낌은 오는데, 실감은 안 난다. 역시 나에게 선이란 것은 난해한 경지야."

"그래도 오래 골똘히 생각하면 그 뜻이 다가올 거야. 그게 바로 화두가 되는 거지."

"문 없는 문이라, 문 없는 문. 그런데 이런 민요 알아? 진도아리랑. 저 산의 딱따구리는 없는 구멍도 잘 뚫는데 우리 집의 저 멍텅구리 있는 구멍도 못 찾는다~~. 딱따구리가 참선을 하면 문 없는 문을 바로 열지도 모르겠다 그치?"

"으이그 화상. 음탕스럽긴. 그게 남 얘기냐?"

일요일 오전, 사람들로 복닥거리는 도봉산 입구에서 천천히 40여 분 걸어 올라온 곳에 천축사가 있었다. 등산로를 따라 오르다 나타난 갈림길에서 한국등산학교가 있는 왼쪽으로 난 길을 따라가니 이내 천축사 입구였다. 입구는 가파른 돌계단이지 만 그리 높진 않다. 계단을 오르다가 왼쪽에 세워져 있는 안내판에서 천축사의 역사 를 읽는다.

천축사(天竺寺)

도봉산 만장봉 동쪽 기슭에 자리하고 있는 천축사는 깎아지른 듯한 만장봉을 뒤로 배경 삼아 소나무, 단풍나무, 유목 등이 울창한 수목 속에 안겨 있어 조용 하고 경관이 뛰어나 참선 도량으로 이름 높은 곳이다. 673년(신라 경문왕 13년) 에 의상(義湘) 대사가 수도하면서 현재의 자리에 맑고 깨끗한 석간수가 있어 옥 천암(玉泉庵)이라는 암자를 세웠고 고려 명종 때 영국사(寧國寺)가 들어섰다. 1398년 조선 태조 이성계가 이곳에서 백일기도를 드린 후 왕위에 올랐다 하여 절을 새롭게 고치고 천축사라고 이름을 바꾸었다. 1474년(성종 5년)에 어명으 로 중창되었고 명종 때는 문정왕후가 화류용상을 헌납하여 불좌를 만들었다. 1812년(순조 12년)에 경학(敬學) 스님이 다시 중창하였으며, 이후에는 영험 있는 기도도량으로 알려지게 되었다. 현존하는 당우로는 대웅전 관음전 독성각 산 신각 무문관 종각 요사 등이 있으며, 특히 무문관은 근대 6년 묵언(默言) 참선도 량으로 유명하다. 법당 안에는 석가삼존상과 지장보살상이 모셔져 있으며 후 불화로 삼세불화와 지장탱화 신중탱화가 봉안되어 있다.

천축사 입구 노천 법당에 모셔진 불보살상.

　　계단 끝은 노천 법당이다. 청동으로 조성된 불보살님들이 그윽한 소나무 아래 도열해 계신다. 1m 정도 크기의 불보살상 발 아래에는 이름표가 있다. 불보살님의 명호와 시주자의 주소 이름이 적혀 있다. 일주문과 천왕문 등이 없는 천축사로서는 이 불보살입상이 빼곡히 서 계시는 노천법당이 도량 수호의 모든 기능을 맡고 있는 것 같았다.

　　"와, 멋있다."

　　노천법당을 돌아서면 누구나 이렇게 감탄하게 된다. 아래로는 깊은 계곡이어서 맞

도봉산 만장봉을 배경으로 신록에 싸인 천축사.

은편 석축이 엄청 높아 보인다. 그 위에 다시 기와를 쌓은 낮은 담장이 지나가고 그 위로 천축사란 현판을 단 2층 건물(대웅전)이 버티고 있다. 다시 대웅전 뒤로 푸른 나무들이 한 줄 띠를 이루고 그 뒤로 떡 하니 만장봉이 서 있다. 그러니까 석축과 담장, 대웅전, 나무 등이 이루는 횡적(橫的) 질서를 삐죽하게 솟아오른 만장봉의 종적(縱的)

중량감이 뒷받침하고 있어 매우 웅장한 분위기를 연출하고 있는 것이다. 부부는 절에서 운영하는 듯한 간이 찻집에서 따뜻한 커피를 한 잔 마시며 그 풍경을 한참이나 바라보았다.

"여기서 절과 산봉우리를 보기만 해도 가슴 가득 뭔가 차오르는 느낌이네. 여보님은 안 그래요?"

"커피 맛이 좋네."

"어라? 무문관 도량에 왔다고 선문답?"

"선문답은 무슨……. 그냥 경치가 좋으니 맘이 편해지는군. 그래서인가? 배도 좀 고프고……."

"무문관 보수 공사를 하나 보다. 우리도 기와 한 장 올려야지?"

천축사 대웅전 출입문은 오른쪽에 있고 그 옆이 공양간이다. 유리문에 '무료공양 평일/토요일 12시~1시. 일요일 12시~2시'라는 안내문이 붙어 있다. 그리고 절에서 직접 만든 간장과 된장을 판매한다는 안내문도 있다.

"밥을 공짜로 준대. 얼른 법당 들어갔다 나와서 밥 먹자."

"벌써? 12시 되려면 아직 30분 남았어."

법당은 넓고 깨끗했다. 세 칸으로 나누어진 불단 가운데 부처님이 모셔져 있고 그 왼쪽에 지장보살님이 모셔져 있다. 오른쪽은 신중탱화만 모셔져 있다. 지장보살님 왼쪽에는 좀 오래된 듯한 탱화가 있는데 화기(畵記)에는 불기 2525년에 조성된 것으로 적혀 있다. 30년 가까이 된 것인데 고풍스럽게 보이는 것은 그간 보관이 잘못 됐다는 뜻일까?

부부는 정성스럽게 삼배를 올리고 잠시 참선을 했다. 이제 나팔수 씨도 절하고 좌선하는 데 익숙해 있다. 물론 절에 가자는 아내의 유혹(?)을 그리 거부하지도 않는다. 거부해도 결국은 가게 될 길임을 알기에 자진납세 하는 것이다.

대웅전을 나오니 공양간 앞에 등산복 차림의 사람들이 10여 명 모여 있다. '밥시간이 다가왔군.' 나팔수 씨도 얼른 줄을 서고 싶은데 지혜장은 대웅전 뒤쪽으로 난 계단을 오르고 있었다. 열댓 개의 돌계단을 오른 곳에 원통전이 있었다. 세 칸짜리 아담한 건물이다.

"여보님, 얼른 오세요. 관세음보살님께서 기다리십니다."

원통전 안은 정갈했다. 마음이 공양간에 가 있는 나팔수 씨는 건성건성 삼배를 했다. 그런데, 아주 아름다운 모습의 관세음보살님과 그 뒤의 불화가 정신을 번쩍 들게 했다.

"관세음보살님 조각이 아주 맵시 있지?"

눈치백단 지혜장이 먼저 말을 꺼냈다.

"뭘 이렇게 큰 걸 들고 계신다냐?"

"연꽃과 감로수병이잖아. 연꽃은 지혜의 완성, 성불을 뜻하는 것이고 감로수병은 모든 중생의 병고를 씻어 주시는 관음보살님의 원력을 상징하는 거야."

"뒤의 그림도 좀 독특하다. 저렇게 많은 손을 그리고 손마다 눈알을 그려 넣었네. 가운데는 신들이 그려져 있고……."

"관세음보살님을 천수천안관세음보살이라고 하잖아? 천 개의 손과 천 개의 눈으

로 중생들의 고통을 구해 주시는 분이라고. 그래서 관세음보살님을 모시고 후불탱화로 천수천안도를 모신거지. 저 하나하나의 손과 눈이 관세음보살님의 무량한 자비를 나타내는 거야. 그 중간 위에 석가모니 부처님이 계신 것은 관음보살의 자비행을 부처님이 증명해 주시는 것일 테고. 그 아래로 팔부신중은 불보살님들의 법과 청정한 도량을 수호하는 분들이지. 그 주변으로 해와 달, 해골, 탑, 목탁, 칼, 업경대 같은 물건들이 그려진 것도 다 뜻이 있겠지?"

"결론은 착하게 살라는 것."

"그래. 밥 생각하면서 절하는 모습이 저 업경대에 다 촬영되어 있다는 것만 알면 될 것 같다. 이제 산신각으로 갑시다. 여보님."

산신각은 원통전 오른쪽 위에 있었다. 또 돌계단을 밟고 올라가니 산신각 문이 열려 있었다.

"워~매. 무서버라. 호랑이님 눈 좀 봐. 불이 튀어나올 것 같다."

산신각 문 밖에서 나팔수 씨가 엄살을 떨었다. 아닌 게 아니라, 산신각 안에 모셔진 탱화에는 두 마리 호랑이가 산신님을 좌우에서 호위하고 있는데 눈빛이 장난이 아니다.

"안 그래도 어둑한 산신각 분위기가 무서운데, 저 호랑이님들 눈은 완전 무섭다. 이렇게 호랑이 눈에다가 금박을 두껍게 입힌 의도가 있겠지? 사람을 쏘아보는 폼이

대웅전 뒤 석굴법당에는 약사여래불이 모셔져 있다.

여차하면 잡아 잡수실 기세야."

"그러니까 죄 짓지 말고 살라고."

"내가 아까부터 화기를 봤는데 대부분 불기 2523년에서 2525년에 조성된 것이군. 그때 이 절이 크게 중창 불사를 했나 봐."

"여보님의 안목이 일취월장하시니 호랑이에게 잡아먹힐 염려는 안 해도 되겠네요."

부부는 밝은 마음으로 산신각을 나와 독성각 참배를 했다. 독성각에는 눈썹이 허옇고 길다란 나반존자님이 모셔져 있었다.

"어? 공양 시작됐다. 그런데 사람들이 더 모였어. 줄 선 거 좀 봐."

나팔수 씨의 조급한 마음을 짐짓 모른 체하는 지혜장.

"도대체 남의 배고픈 사정엔 관심이 없으니……. 당신, 보살님 맞아?"

"여보님, 배고픈 거 참는 것도 수행입니다. 여기 봐요. 이렇게 멋진 석굴법당이 있잖아요."

대웅전 뒤에 비밀스럽게 감춰둔 것 같은 석굴이 있었다. 굴의 입구 위쪽에 '옥천석굴원(玉泉石窟園)'이라는 글씨가 멋들어지게 쓰어 있다. 자연석굴 중간에 약사여래불이 모셔져 있는데 입술에 붉은 채색을 했다.

"이 부처님은 립스틱을 짙게 바르셨네."

"약사여래부처님이신데 왼손에 들고 계신 것이 약 항아리야."

광배도 자연석 위에 새겼고 좌우에 감실을 파고 협시불을 모셨다. 왼쪽 바닥에는 돌로 만든 뚜껑이 덮여 있는데 그 속에서는 석간수가 퐁퐁 솟고 있었다. 물은 공양용으로 쓰고 음용하지 말라는 안내문을 보니 갑자기 목이 말랐다.

무문관 수행의 원조,
돌처럼 단단한 의지

　부부는 석굴 법당을 나와 도량의 왼쪽으로 돌아갔다. 80m쯤 거리에 삼층의 석조 건물이 보였다. 천축사 무문관이다. 보수공사 중이었다. 공양시간이라 일하는 사람들은 보이지 않았다. 그래서인지 창문을 헐어낸 건물이 스산하게 보였다. 그러나 그렇게 몸의 치장들을 털어낸 묵직한 석조건물이 뭔가 암시하는 것 같다는 생각도 들었다.

　천축사 무문관에서는 여러 스님들이 6년간 수행을 성만(盛滿)했다. 1964년에 정영 스님이 무문관을 건립했는데 당시 19명의 스님이 정진에 들어갔다는 기록이 전한다. 지금은 천축사 무문관 출신 스님들 대부분이 입적했다. 이 무문관을 효시로 하여 전국에 많은 무문관이 생겨 무문관 수행이 붐을 일으키고 있다. 정영 스님은 계룡산 갑사 위 대자암에도 무문관을 열었는데 요즘은 거기서 스님뿐 아니라 재가자들도 장 · 단기로 나뉘어 수행을 하고 있다.

　"1964년이면 우리가 태어나던 해잖아?"

　"그러고 보니 이 무문관 건물이 우리랑 동갑이네. 보수 불사가 끝나면 이 무문관 원조 도량이 새로운 선수행의 중심 역할을 하겠지?"

　"그렇게 되어야지. 아무래도 역사가 있는 곳이니까. 저 건물을 허물지 않고 보수하는 것은 참 잘하는 것 같아. 워낙 단단해 보이는 건물이기도 하지만 저 단단한 이미지가 바로 무문관 수행자들의 결연한 의지를 상징할 것 같아서."

　"혹시 재가자들에게도 무문관 입방(入房) 기회를 준다면 도전하고 싶지 않아? 한

대웅전 용마루의 치미와 자운봉.

1년만이라도."

"이 사람아, 직장은 어떡하고? 또 애들과 당신은?"

"나? 나야 더 좋지. 자유부인이 되니까. 그렇지만 우린 속세를 떠나기에 너무 걸려 있는 것이 많다. 그치?"

부부는 새롭게 태어날 천축사의 무문관 조감도를 바라보다가 공양간으로 발길을 돌렸다.

"여보님. 절에서 먹는 밥이 맛있는 이유 알아?"

"공짜니까."

"그래, 공짜니까 배 터지도록 드세요. 호호호."

보문사

세계 유일 비구니종단의 총본산
'숨겨진 진주' 찾기

벗은 발로 찾아가 애원했다지요?
화려한 옷 다 버리고 누더기 입고 찾아가
애원했다지요?
안락한 생활 버리고 맛난 음식도 외면하고
먼 길 걸어가 애원했다지요?
오직 한 가지 소원.
출가하여 당신 곁에서 수행하고 싶다는.
그러나 들어주지 않으셨다지요?
세 번을 청해도 세 번을 거절하셨다지요?
여성의 출가를 말리셨던 부처님.
많아한 조건을 걸어 두고서야 허락된 여성의 출가.
그래도 기꺼이 받아들이고 출가하셨다지요?
맨골승방을 장엄한 부처님의 이모 마하빠자빠띠여!
그 간절함으로, 하루하루 벗은 발로 살겠습니다.

여성의 출가
그리고 여덟 가지 조건

"이 왕궁에는 혼자 남은 여자들이 많습니다. 곁을 떠난 사람들로 가슴 아파하며 눈
물짓는 여자들입니다. 세존이시여. 불쌍한 저희들이 세존의 그늘에 의지하게 하소서."

"고따미여, 이 교단에 여자들이 들어오는 것을 청하지 마십시오."

"선왕도 떠나고 두 아들도 떠나고 귀여운 손자마저 떠난 지금 제겐 의지할 곳이 없
습니다. 가련한 저를 부처님의 그늘에서 쉬게 하소서."

"고따미여, 이 교단에 여자들이 들어오는 것을 청하지 마십시오."

"세존이시여, 아버지를 잃고 남편을 잃고 아들을 잃은 여인들이 출가할 수 있도록
허락해 주소서."

"고따미여, 이 교단에 여자들이 들어오는 것을 청하지 마십시오."

〈중략〉

"부처님, 마하빠자빠띠께서 사까족과 꼴리야족의 여인 500명과 함께 정사로 찾아
오셨습니다. 부처님, 저 여인들이 교단에 들어와 수행자로 살도록 허락하소서."

"아난다야, 여자들이 교단에 들어오는 것을 청하지 말라."

"스스로 머리를 깎고 험한 길을 맨발로 걸어온 여인들입니다. 부르튼 발에선 피가 흐르고 때와 먼지가 가득한 얼굴에는 눈물자국만 선명합니다. 부처님, 간청합니다. 저 딱한 여인들이 교단에 들어와 수행자로 살도록 허락하소서."

"아난다야, 여자들이 교단에 들어오는 것을 청하지 말라."

"세존이시여, 마하빠자빠띠는 젖을 먹여 당신을 기른 어머니십니다."

"아난다야, 여자들이 교단에 들어오는 것을 청하지 말라."

-〈부처님의 생애〉(조계종출판사) 발췌

여자들의 출가. 부처님 당시 여자들의 출가는 상상하기 힘든 일이었다. 특히 부처님의 교단에 들면 늘 숲에서 살아야 하고 우기를 견뎌야 하고 걸식을 해야 했으므로 여자들이 감당하기에 애로사항이 많았다. 여자들은 신체적으로나 심성적으로 수행 집단에서 살기 어려웠기 때문이다. 또 당시 카스트제도가 엄격하던 사회에서 여성들은 많은 노동을 감당했다. 여성들의 출가는 사회적 노동력의 감소와 직결된다. 남성 중심의 제도 속에서 엄청난 반발 요인이 될 수밖에 없었다. 그래서 부처님은 여자들의 출가를 허락하지 않으셨다. 처음으로 출가의지를 밝힌 여인, 부처님이 자신을 길러 준 이모 마하빠자빠띠의 청을 세 번 거절했다는 것은 상징적 의미가 크다.

부처님에게 거절당한 마하빠자빠띠는 스스로 머리카락을 자르고 화장을 지우고 궁중의 화려한 옷을 벗어 버렸다. 맨발로 거리에 나선 그녀는 부처님이 계시는 웨살리 교외의 숲으로 찾아갔다. 500명의 여인들이 삭발하고 화려한 옷과 신발을 벗어던지고 고행의 길을 따랐다. 부처님의 사촌동생인 아난다는 그렇게 찾아온 큰어머니를

도저히 그냥 돌려보낼 수 없었다. 그래서 고구정녕하게 부처님께 여자들의 출가를 청했다. 그러나 부처님은 "노(No)!" 입장을 굽히지 않으셨다. 아난다는 마음씨가 착했지만 부처님의 깊은 뜻을 헤아리지는 못했던 것이다.

"부처님의 고집도 대단하시네."

"그걸 고집이라고 하면 안 되지. 분명한 소신이지. 부처님은 3년이나 이 문제를 두고 고심했고 결국은 여자들의 출가를 허락하셔. 여덟 가지 조건을 붙여서."

"조건? 남자에게는 '오라, 비구여' 하며 출가를 받아주셨는데 여자들에게는 조건을 붙이셨다니, 확실히 여자는 덜떨어진 존재가 분명해."

"이 화상이 마눌님 앞에서 여성을 비하하네. 그러다 밥 굶는 수가 있어."

여성의 출가를 허락하는 데 부처님이 붙인 조건을 '팔경계법(八敬戒法)'이라고 하는데, 기존 비구승단에 대한 예우가 주된 내용이다. 우선 100살 된 비구니라 할지라도 갓 계를 받은 10살 비구에게 예경해야 한다는 대목이 첫 번째다. 다음으로 비구를 꾸짖어서는 안 된다, 비구의 과실(過失)을 말하지 못한다, 대덕을 찾아가 배워라, 죄를 지으면 비구승 앞에서 참회하라, 매월 보름마다 가르침을 받아라, 비구승을 따라 안거에 들라, 안거가 끝나면 반드시 대중 앞에서 자자(自恣·스스로 대중 앞에서 자신의 잘못을 밝히고 참회하는 것)하라 등이다.

"와, 빡세다. 완전 남존여비네. 자비를 가르치시는 부처님이 그렇게 차별적인 조건을 다셨다고 믿어지지 않을 정도야."

"당시 사회 상황이 그랬으니까 그런 조건이 최선이었겠지. 그러나 다른 종교와 비교하면, 여성에게 성직자의 지위를 허락한 종교는 불교밖에 없어."

"요즘 비구니 스님들도 그 조건을 지키고 있는가?"

"물론, 팔경계법을 무시하진 않지. 그러나 시대의 변화에 따라 이 계율을 보는 입장이 변하고 있고 그것을 제도화하려는 움직임도 있는 것 같아. 더러 학술세미나에서 논의되기도 하고 말이야."

"남자와 여자, 차이와 차별은 다른데. 불교에 이런 차별논란이 있다는 것이 놀랍기는 하다. 우리 보살님은 어떤 입장일지 모르지만……."

"나야 뭐, 부처님 가르침에 복종이지. 그러나 시대 흐름도 무시할 순 없잖아? 바꿀 것은 바꿔야지. 국제연합헌장도 남녀의 차별을 금지하고 있는데. 지금이 2500년 전도 아니고 여기가 인도지방도 아니잖아. 그건 그렇고, 여보님이 아까 남존여비라 했는데 그 뜻은 제대로 알고 계시나요?"

"남존여비? 남자는 존귀하고 여자는 비천하다는 거 아냐?"

"오~ 노(No). 첫째, 남자가 존재하는 이유는 여자의 비위를 맞추기 위함이니라. 둘째, 남자가 존재하는 이유는 여자의 비용을 대주기 위함이니라. 셋째, 남자가 존재하는 이유는 여자의 비밀을 지켜주기 위함이니라. 넷째, 남자가 존재하는 이유는 여자의…… 이건 말 안 할래."

"오늘 보살님이 제법 웃기시네. 네 번째는 뭔데? 뭐기에 말을 못하신다는 거야, 도대체?"

"비명이다. 비명을 위해서. 호호호."

"으이그, 나이 들면 여자들이 더 밝힌다니까……. 이제 보니, 보살님도 예외가 아니군."

얼굴을 살짝 붉히던 지혜장이 정색을 하고 말했다.

"자, 농담 그만하고. 우리나라에 비구니 스님들로 구성된 종단이 있다는 거 알아?"

보문사는 세계 유일의 비구니종단 보문종의 총본산으로 고려 때 창건된 유서 깊은 전통사찰이다.

세계 유일의 비구니종단, 총본산의 아름다움

세계 유일의 비구니종단. 대한불교 보문종(普門宗)이다. 1972년에 창종된 보문종의 총본산은 성북구 보문동에 있는 보문사(普門寺)다. 60대 이상 어른들에게는 '탑골 승방'이란 이름으로 잘 알려진 곳이다.

부부는 지하철 6호선 보문역 1번 출구를 나왔다. 동망봉터널이 보이는 쪽으로 걸어가니 금세 위층에 보문사란 현판이, 아래층에 호지문(護持門)이라는 현판이 달린 2층 누각이 보였다. 일주문인 셈이다. 먼저 우측 벽에 붙어 있는 안내판에서 절의 역사를 읽었다.

보문사

보문동명의 유래가 된 보문사는 보문동 3가 168번지에 있는데 일찍이 고려 초 예종(睿宗) 10년(1115) 담진 국사에 의하여 창건되었다. 그 후 여러 차례 중수되었는데, 옛날 건물로는 영조(1721~1776) 때 건축된 대웅전이 남아 있다. 일제 강점기에는 절이 황폐할 지경에 있었지만 광복과 함께 주지 송은영(宋恩榮)이 취임하면서 불교의 중흥과 건물 중건에 전심전력하여 대사찰의 면모를 갖추었다. 이 절은 1972년 대한불교 보문종으로 등록하여 동양 유일의 비구니종단을 운영하게 되었으며, 그해 6월 16일에는 경주 석굴암을 본뜬 석굴암을 축조하였다. 불가에 의하면 몸체의 온갖 덕(德)을 보(普)라 하고 쓰임을 나타내는 곳을 문(門)이라 하는 것으로 보문이란 곧 보살이 일체 성덕을 모두 갖춘 상태에서 기회와 시기에 따라 그 효용을 보임을 말한다. 따라서 관세음보살을 보문시현이라 한다. 보문사는 전통사찰로서 그 면모를 이어가고 있다.

"근래 들어 이 절을 주도적으로 일군 분이 은영 스님이시네. 그래서 여기 은영유치원과 은영어린이집이 있는 것이고."

나팔수 씨가 안내판을 읽고 옆에 있는 5층 건물을 가리켰다. 노란 미니버스 두 대가 앞에 서 있는 건물은 보문사가 운영하는 어린이 보육시설과 만불전 등이 있는 종합회관이었다.

"그렇군요. 여보님, 저 청룡과 황룡 좀 봐요. 가운데 여의주는 얼마나 찬란한지 불기둥이 솟구치고 있네요."

누각 가운데 새겨진 두 마리의 용은 매우 역동적이다. 부부는 용과 함께 연꽃무늬와 단청으로 장엄된 누각에 들어섰다. 왼쪽은 수위실이고 오른쪽은 용품과 서적 등을 판매하는 향운각. 정면에 있는 석조물이 눈에 들어왔다. 화강암으로 조성된 집모양의 석조물은 두 개의 불단을 앞에 두고 왼쪽엔 반야심경이, 가운데에는 미륵존불, 노사나불, 비로자나불, 석가모니불, 아미타불의 명호가 새겨져 있었다. 오른쪽은 비어 있다.

"여긴 왜 비워 뒀을까?"

"석굴암 부처님께 여쭤 봅시다."

부부는 도량의 가운데로 나 있는 오르막길을 따라 곧장 석굴암으로 갔다. 아무래

보문사의 적송. 큰 소나무 숲이 운치를 더하고 있다.

도 대웅전보다는 석굴암이 보문사의 중심공간이란 생각이었다. 이렇게 절을 중창한 은영 스님의 원력이 서린 곳이므로.

어떻게 보면 고색창연하고 어떻게 보면 낡은 티가 나는 단청이 눈을 자극하는 범종루 아래로 난 길이 석굴암으로 가는 길. 부부는 범종루 아래에서 대웅전 신중도와 영산회상도, 지장보살도에 대한 안내 글을 읽었다. 모두 서울시유형문화재로 등록된 불화로 조선 후기에 제작됐다.

"저 소나무가 족보가 괜찮은 종류야. 붉은색이 나잖아. 적송이라고 해. 구불구불 자라는 폼이 아주 멋져. 도심의 절에 이렇게 큰 소나무가 숲을 이루고 있으니 참 좋다."

"역시 우리나라 숲길은 소나무가 있어야 제격이야. 넓지는 않아도 큰 소나무 숲이 운치를 더하네. 여기 이 비석이 보문사를 중창한 은영 스님의 행적을 기리는 비인가 봐."

아늑한 숲길의 운치에 반해 버린 부부는 '비구니보암당은영사비(比丘尼寶庵堂恩榮師碑)'를 지나 말끔한 돌계단을 올랐다. 작은 문이 계단 위에서 "떠들지 말고 얌전하게 오라"는 듯 고요한 자태로 서 있었다. 그러나 양쪽 문을 활짝 열어 놓고 있어 꾸짖을 의사는 전혀 없음을 밝히는 듯했다.

'기도 중에는 휴대폰을 잠시 꺼 두시기 바랍니다!'

양쪽 문 한복판에 고딕체로 써진 글씨가 분위기를 확 깨는 느낌.

"매너가 꽝인 사람들이 오죽 많으면 이 좋은 문짝에 이런 걸 붙여 놓았을까."

"여보님의 휴대폰은 지금 어떠신가요?"

"아, 이제 막 끄려던 참인뎁쇼……."

서울엔 서울의 석굴암이 있다

석굴암은 얕은 담장이 둘러쳐진 잔디마당을 앞에 두고 있었다. 굵은 팔각 화강암 기둥 4개가 앞을 지키듯 서 있고 그 안쪽으로 중앙과 좌우로 아치형의 문을 두었다. 물론 법당은 석굴형이고 위는 나무가 울창한 숲이다. 인공석굴이지만 세월이 지나면서 점차 자연스러운 모습을 갖춰 가고 있는 참이었다. 중앙 유리 안쪽에 부처님이 모셔져 있고 바깥은 기도 공간. 초를 꽂는 단에서는 여러 개의 초가 몸통에 소원성취 학업성취 건강발원 운수대통 등의 염원을 적은 채 타오르고 있었다.

보문사 석굴암은 경주 불국사 석굴암을 재현했다.

"부처님이 잘 안 보여."

계단을 올라가 삼배를 하고 나팔수 씨가 몸을 이리저리 돌리며 말했다.

"날씨가 너무 좋아서 그래. 착한 사람에게는 잘 보일 텐데, 어째서 여보님에겐 안 보이실까?"

중앙의 유리에 하늘과 구름이 반사되고 있었다. 전실의 좌우에 금강역사와 사천왕 등이 조각되어 있고 석굴암 축조에 원력을 세운 분들의 이름이 새겨져 있다. 처마 중앙에 새겨진 석굴암이라는 글씨는 당대 최고의 서예가 김충현의 솜씨이고 15톤의 화강암 원석으로 본존석가모니불을 조각한 사람은 한봉덕이다.

지혜장이 조용히 일어나 '새가 들어가니 문을 닫아 주세요'라는 안내 글이 붙어 있는 철망문을 열었다. 나팔수 씨도 석굴 안쪽으로 들어갔다. 공양미 포대가 수북 올려진 본존불 양쪽에는 인등탑이 서 있고 뒤 벽에는 나한상들이 조각되어 있었다. 둥그렇게 중앙으로 모아진 천장은 우주의 중심이 바로 이곳임을 나타내고 있다. 하지만 이런저런 공양물도 놓여 있고 양쪽 출입문 벽면에 시주자들의 이름이 가득 새겨져 있어 다소 어수선한 분위기랄까? 무욕의 부처님 세상과 바라는 것이 많은 인간의 세상이 합일되기에는 아직 부족함이 많은 탓인지 모를 일이다. 약간은 어리둥절, 약간은 싱겁다는 표정을 보이는 남편에게 지혜장이 재빨리 선수를 친다.

"여보님, 경주 석굴암과는 분위기가 좀 다르지? 그래도 서울에 이런 곳이 있다는 게 어디야? 경주 석굴암을 의식하지 말고 서울 보문사의 석굴암이란 생각으로 보신다면 신심이 날 거야. 2년 동안 연인원 4500명이 동원된 불사였다고 하니 여기에 스민 스님들의 원력과 시공자들의 정성 그리고 시주자와 참배객들의 마음이 어떤 것인가를 느껴 보자는 거야."

"누가 뭐라 했나요. 대단한 곳이라고 생각하는 중인데……."

부부는 다시 중앙에서 삼배를 올렸다. 어디선가 꽃향기가 날아와 온몸을 감싸주었다. 석굴암 오른쪽 산령각은 한 칸짜리 건물인데 그 오른쪽의 소나무가 일품이었다. 아니나 다를까. 나이 70살인 이 소나무는 성북구의 아름다운 나무로 지정돼 있다는 안내판이 앞에 놓여 있다. 산령각 안의 진한 향 내음은 기도객의 발길이 끊이지 않는 기도처임을 암시한다. 오른쪽엔 독성탱화 앞에 나반존자상이 모셔져 있고 왼쪽엔 산신도가 모셔져 있다. 바위에 걸터앉은 산신님 좌우에는 천녀와 동자가 공양물을 들고 서 있다. 그 앞에 호랑이가 '출동 준비 완료'라며 앞다리를 약간 세운 채 엎드려 있다. 언제부터인지는 모르지만 호랑이는 산신님의 전용 이동수단, 자가용이다.

"어떤 절 벽화에서는 더러 등에 산신님을 태우고 꼬리에 목탁을 달고 날듯이 달려가는 호랑이 그림도 볼 수 있어."

"산신님은 최상급 자가용을 타시는군. 세금도 없고 기름값도 안 들고 딱지 끊길 염려도 없고. 그런데 산신님도 음주운전하실 때가

법당 벽면 거울에 비친 예불을 올리는 스님의 모습.

있을까? 하긴, 그래 봤자 누가 단속할 수도 없겠지만."

부부는 석굴암 마당을 거쳐 팔각구층사리석탑으로 갔다. 강원도 오대산 월정사 탑을 재현한 것이다. 웅장한 탑 속에는 부처님 사리 세 과가 봉안되었다고 하는데, 이 사리는 현대의 율사 자운(慈雲) 스님이 스리랑카에서 모셔온 것이다. 탑 주변을 장식한 벽면에는 검고 흰 조약돌들을 촘촘히 박아 모양을 냈다. 나팔수 씨가 조약돌로 각종 문양을 만든 벽 앞에서 말했다.

"야, 이거 한때 유행하던 거다."

"그래? 좀 독특하다. 정성도 많이 들었겠는걸?"

자연석을 깎아 만든 계단.

청룡 황룡이
여의주를 다투는 까닭은

비구니 스님들의 도량답게 티끌 하나 없이 깨끗한 보문사. 구석구석 아기자기하게 손길이 닿은 흔적이 역력한 도량이 정겹기 그지없다. 부부는 탑 앞에서 삼배를 하고 아래로 난 길을 따라 법보전과 선불장, 극락전을 차례로 돌았다. 극락전 뒤에서 구층탑으로 오르는 계단은 커다란 자연석을 다듬어 만든 것이어서 흥미롭다. 종각 아랫길로 내려와 대웅전으로 갔다. 대웅전과 심우장, 묘승당, 보광전 등의

극락전 내부는 온갖 조각으로 장엄되었는데
천장 중앙의 용조각이 일품이다.

건물이 마당을 가운데 두고 각자의 자리에서 각자의 이름을 지키고 있었다.

묘승당 불단에 새겨진 두 마리의 용도 여의주를 가운데 두고 서로 기를 겨루는 형상인데 색칠은 안 했지만 청룡과 황룡일 것이다. 보문사에서는 이런 용 문양을 많이 만나게 된다. 불단이나 시주함에는 어김없이 두 마리의 용이 여의주를 두고 마주한 조각이 새겨져 있다.

"보살님, 용 두 마리가 여의주를 가운데 두고 다투는 의미는 뭔가요?"

"뭐 꼭 다툰다고 볼 필요가 있을까? 여의주는 진리의 상징이고 그걸 입에 물지 못

했으니 어서어서 정진하여 진리의 주인공이 되란 뜻 아닐까?"

묘승당 안에서 마당 쪽을 바라보니 문살 너머로 보이는 바깥의 햇빛이 찬란했다. 문살이 이루어 내는 명암의 대비가 그대로 하나의 예술품 같았다.

다른 절 같으면 가장 먼저 들러야 할 대웅전을 마지막에 들어가게 됐다. 일부러 그런 것도 아니고 어떤 의미가 있는 것도 아닌데 그렇게 되어 버린 것이다. 그래서 지혜장은 뭔가 잘못을 저지른 아이의 심정이었다. 살며시 오른쪽 문을 열고 들어선 대웅전.

"아……."

불단의 상단에는 영산회상도를 배경으로 중앙에 석가모니 부처님이 모셔져 있고 좌우에 협시불이 부처님과 엇비슷한 키로 앉아 계신다. 부부가 대웅전을 들어서자마자 깜짝 놀란 것은 불단 위 닫집 앞쪽에 커다란 청룡과 황룡이 양쪽 들보에 몸을 걸치고 허공에 떠 있는 여의주를 사이에 두고 입을 딱 벌리고 있는 조각 때문이었다. 오른쪽의 청룡과 왼쪽의 황룡, 가로 들보를 용의 몸통으로 조각하고 가운데서 두 마리의 용이 여의주를 사이에 두고 입을 벌리게 한 장엄한 조각이 법당 전체의 분위기를 매우 엄숙하게 만들었다.

"와, 용의 몸통이 장난 아니군. 여의주가 부처님 정면 위쪽에 있으니, 진리의 태양 같다."

나팔수 씨는 조금 전 아내의 설명을 충분히 이해했다는 듯 천천히 용 조각을 감상했다.

"용도 멋지지만 온 공간이 조각과 그림이야. 연꽃이 피어난 모양을 입체적으로 조각한 것도 그렇고 천장의 악공, 무희, 가릉빈가 등등의 그림들이 장면마다 모두 설법을 하는 것 같아."

그랬다. 보문사 대웅전은 조각과 그림으로 무한한 설법을 하고 있었다. 어디 한 구석 빈 공간 없이 채워진 조각과 그림들. 지혜장은 언제 한번 전문가를 모시고 와서 그 많은 조각과 그림들의 의미를 하나하나 배우고 싶었다.

"역시 대웅전이 감동의 핵심이야."

남편의 짧은 한마디가 지혜장을 행복하게 했다. 보문사 호지문을 나오면서 지혜장이 말했다.

"우리가 용띠부부라서 그런 게 아니라 보문사의 용 조각은 참으로 인상적이다. 우리도 청룡황룡처럼 여의주를 입에 물 때까지 열심히 살자고요."

"왜 여의주는 하나뿐인 거야? 두 개면 다툴 일도 없을걸……."

"헐~~."

묘승당 안에서 바라본 바깥의 햇살.

길상사

법정 스님,
아직 법문 안 끝나셨는데 어디 계시나요?

무소유를 소유하는 것도 죄가 될까 싶어
깊은 산중 오두막에 몸을 누인 성자(聖者).
갖지 않은 물건보다는
더 많은 것을 버린 청빈(淸貧).
달빛마저 숨 버리는 소리
성북동 길상사 봄꽃 피는 소리
세상 소리를 기억하는 것도 소유물이 될까 봐
뿌려둔 모든 말이 묵음빛 될까 거두어 마겠노라
그렇게 철저하게 무소유의 향기(香氣)로
먹고사는 일이 지겹다고 투념하면서도
먹고살기 위해 눈을 뜨는 반복의 일상
하루 한 번이라도 무소득(無所得)
이익 없는 일에 기꺼이 손을 뻗치는 사람.
가진 것도 가질 것도 없는 사람이고 싶습니다

보 호 수

고유번호 서울-9

·수종 느티나무
·지정일자 1981.10.27
·수령 265년
·소재지 성북구 성북동 323
·수고 12m
·관리자 성북구청장
·나무둘레 3.2m

부처님께
절을 지어 드리는 기쁨

"마눌 보살님, 나 궁금한 게 하나 있어."

"뭔데?"

"당신 따라 절에 다니면서 말이야, 최초의 절은 어떤 것이었을까 궁금해."

"최초의 절이라, 내가 알기로는 죽림정사(竹林精舍)야."

남편의 갑작스러운 질문에 지혜장은 당황했지만 최초의 절이 죽림정사라는 것쯤은 알고 있었다. 그러나 부처님 당시, 그러니까 초기 교단의 형성과 관련한 이야기를 남편에게 하지 않았다는 것은 자신의 실책이라고 반성했다. 부처님 당시의 교단 성립 과정을 이해하는 것은 불교를 이해하는 중요한 방법인데 그걸 간과하고 있었던 것이다. 뜬금없는 남편의 질문에 한방 제대로 먹은 기분이랄까…….

죽림정사는 부처님이 깨달음을 이룬 마가다국(國)의 빔비사라왕이 기증한 것인데 처음부터 건물로 된 절은 아니고 그냥 아름다운 동산이었다. 동산의 이름이 죽림원(竹林園)이었던 것. 부처님과 제자들은 나무 밑에서 생활했는데 무소유의 수행 생활을 원칙으로 삼았기 때문이다. 어느 부자가 동산에 여러 채의 집을 지어 주어서 최초의 절 죽림정사가 탄생하게 됐다.

인도 지역은 무덥고 우기(雨期)가 길어서 야외생활이 매우 불편하다. 승단의 불편한 생활을 보면서 장자들의 건물 시주가 늘어나 절이 생기게 된 것이다. 우기 동안 함께 모여서 집중 수행을 하는 안거(安居) 제도가 생겼다는 것은 잘 알려진 사실. 아무튼 절이 생겼다는 것은 수행방식이 변화되고 승단의 생활규범이 더 까다로워지는 계기도 됐다.

"죽림정사가 절의 원조다 이거지?"

"근데 여보님은 첫 번째 절은 궁금하고 두 번째 절은 안 궁금하신가요? 무지 재밌는 얘기가 있는데."

"재밌는 얘기? 뭐, 두 번째 절까지 아는 것도 괜찮은 일이지."

죽림정사가 세워진 뒤 절이 수행공간으로서의 기능을 하게 되는데, 그 무렵 수닷타라는 장자가 부처님을 위해 훌륭한 절을 짓고 싶었다. 그는 상인이었는데 부처님의 가르침에 귀의한 사람이다. 수닷타는 부처님께 귀의하고 그 자리에서 절을 하나 지어드릴 것을 약속했다. 물론 부처님도 허락하셨다. 그런데 그는 돈은 많지만 절을 지을 좋은 장소를 갖고 있지 않아서 고민이었다. 요즘 부자는 땅이 많은데 그때 부자는 현금만 많았던가?

수닷타는 자신이 살고 있는 사왓티[舍衛城]에 멋진 절을 지으면 부처님께서 그곳에 머무시며 법문을 하시리란 생각에 가슴이 벅차올랐다. 문제는 장소였다. 부처님은 대중과 함께 머무는 절의 입지조건을, 시내와 가깝지도 멀지도 않고 가고 오는 데 불편함이 없어야 하고 조용한 곳이어야 한다고 늘 강조하셨다.

수닷타는 부처님과 제자들이 머물며 수행할 곳을 찾다가 정말 멋진 동산 하나를 발견했다. 꼬살라국의 제타[jeta · 祇陀] 태자가 소유한 동산이었다. 그러나 이를 어쩌나? 아쉬울 것이 없는 태자는 동산을 팔 생각이 전혀 없었다. 태자는 끈질기게 팔기를 권유하는 수닷타가 귀찮고 미웠다. 그래서 "당신이 돈이 좀 있나 본데, 이 동산을 황금으로 덮으면 그게 이 동산의 값이오"라고 터무니없는 조건을 제시했다. 그런데 이게 웬일? 다음날 아침 일찍부터 수닷타는 수레에 황금을 싣고 와 동산을 덮기 시작했다. '허걱~~ 저거 미친놈 아냐?' 태자는 어이가 없었다. 그러고는 한편으로는 '내가 너무했나?' 하는 생각도 들어 수닷타를 만났다.

"도대체 이 동산을 사서 뭣에 쓰려고 그러시오?"

"부처님과 제자님들을 위해 절을 지으려고 합니다."

"그들에게 이렇게 큰 대가를 치르고 절을 지어 드릴 만한 가치가 있소?"

"태자님, 저는 장사꾼입니다. 손해 보는 일은 안 하지요. 부처님께서는 인간의 행복과 영원한 자유를 가르치십니다. 그것보다 큰 이익이 어디 있겠습니까? 제가 이곳에 절을 지어 드리면 이곳에서 매일 부처님을 뵙고 진리의 말씀을 들을 수 있지 않겠습니까? 저 하나뿐 아니라 누구든지 원하면 그렇게 될 것이니 이 얼마나 큰 이익이겠습니까?"

수닷타의 말에 감복한 태자는 자신의 행위가 부끄러웠다. 상인 수닷타가 한없이 존경스럽기까지 했다. 그래서 그는 수닷타에게 말했다.

"이제 됐습니다. 더 이상 금을 덮을 필요가 없습니다. 이 동산을 드리겠습니다. 그런데 한 가지 부탁이 있습니다."

"부탁이라뇨?"

"이 동산의 입구만은 제게 주십시오. 입구에 제가 화려한 문을 만들고 '기원정사'라는 이름을 새기게 해 달라는 겁니다."

"물론이지요. 감사합니다, 태자님."

이렇게 하여 기원정사가 지어졌고 그곳에서 부처님은 많은 설법을 하셨다. 『금강경』의 '재사위국 기수급고독원'이라는 장소가 바로 이 기원정사다. 기원정사가 '기수급고독원(祇樹給孤獨園)'인 것은 제타[祇陀] 태자의 동산에 급고독 장자(수닷타)가 세운 절이란 의미다. 급고독이란 고독한 사람, 즉 가난한 사람을 돕는다는 뜻인데 수닷타가 보시행을 많이 했기에 그런 별명이 붙은 것이다.

"얼마나 부자였으면 금으로 산을 덮으려 했을까? 그런 부자가 아니면 절을 지어 희사(喜捨)할 수 없겠지만."

"희사는 돈이 많은 사람이 하는 게 아니야. 마음이 청정한 사람이 하는 거지."

"그게 무슨 말씀?"

"돈이 많아서 희사를 하는 것이 아니라 마음에 욕심이 없고 남을 위하는 자비심이 있어야 가능하단 말이지. 물론 돈이 많은 것은 희사를 많이 할 조건을 갖춘 것이지만 마음에 욕심이 차 있으면 불가능하잖아. 탐욕 없이 깨끗한 사람이 크고 작고 많고 적고를 떠나 희사를 잘 한다는 거지."

"우리 마눌 보살님, 스님 다 되셨어."

"아무튼 말이야, 기원정사 이후에도 많은 왕이나 부자들이 절을 지어 부처님이 머물며 설법하실 수 있도록 해서 불교는 교단을 더욱 견고하게 유지할 수 있었어. 절이 없었으면 교단도 흐지부지되었을지 몰라. 실제로 고대 인도의 많은 종교 가운데 불교와 자이나교만 지금까지 전해지는데 그게 사원을 지어 집단생활과 종교의식을 한 때문이라고 하더라고. 그만큼 절의 역할은 중요한 것이지. 그래서 절을 지어 교단에 희사하는 것을 큰 영광으로 생각한 거야."

"누가 나에게 근사한 집 한 채 지어 주면 엄청난 복을 받을 텐데……."

"얼씨구? 여보님은 집을 희사 받고 무슨 가르침을 펴실 건데요? 집을 희사 받기 전에 도를 닦으셔야지. 성북동 길상사(吉祥寺)에 가면 그 도를 조금이나마 엿보고 올 수 있을 텐데……."

"아, 법정 스님의 길상사. 원래 대원각이라는 요정이었는데 절로 바뀐 곳? 법정 스님의 입적으로 더 알려져 명소가 됐다는 뉴스를 며칠 전에 봤어. 한번 가 보지, 뭐."

조건 없는 시주 무소유의 무소유

삼선교. 요즘은 지하철 4호선 한성대입구역으로 통하는 곳이다. 부부는 지하철을 타고 한성대입구역 6번 출구로 나왔다. 성북동 방향으로 튀김과 어묵, 도넛 등을 파는 포장마차가 늘어선 곳에 마을버스 정류장과 길상사 셔틀버스 타는 곳이 나란히 있었다.

"셔틀버스는 좀 기다려야 하고, 택시 타면 기본요금, 걸어서는 25분. 어떻게 갈까요?"

"당신은?"

허리 굽은 노보살님은 길상사 부처님께 무슨 소원을 빌러 가시는 걸까?

"글쎄, 걸을까?"

"아니, 더워. 도넛 두어 개 먹으며 셔틀버스 기다리자."

"······."

길상사 일주문은 2층 누각형이다. 대원각 시절부터 있던 것이니 애초에 일주문을 목적으로 지은 것은 아니겠다. 시절인연을 따라 요정의 문에서 절의 일주문으로 쓰임이 바뀌는 것이니, 세상에 어느 것도 무시하거나 천대할 것이 없다. 일주문을 들어서며 나팔수 씨가 입을 열었다.

"나 여기 와 본 적 있어."

"그래?"

"법정 스님께 기증되기 전 요정에서 일반 음식점으로 바뀐 적이 있는데 그때 친구 아버님 회갑잔치를 여기서 했거든. 그땐 음식점이라 별 생각 없이 다녀갔지만 오늘은 뭔가 분위기가 많이 다르네. 절도 그렇고 내 맘도 그렇고."

"여보님 맘이 어떤데요?"

"봐라. 죽죽방방(竹竹芳芳) 경국지색(傾國之色)들이 이렇게 많잖아."

아닌 게 아니라 멋쟁이 여성들이 삼삼오오 많기도 하다. 20대 아가씨들은 아니지만 30~40대 언니들이 법복을 입거나 봄빛 가득한 양장으로 단장을 하고 조용히 도량을 거닐고 있었다. 지혜장은 '나도 옷차림에 좀 더 신경 쓰고 올걸' 하는 생각을 했다. 큰 나무들의 푸른 잎들로 하늘 한 뼘 보이지 않는 길상사는 은은한 꽃향기 속에 고요하고 정갈했다. 사람들이 많아도 시끄럽지 않은 것이 신기할 뿐이었다.

2010년 봄, 법정 스님의 입적은 세상 사람들에게 '무소유'의 맑은 삶을 가르쳤고 길상사를 서울의 명소로 만들었다. 1995년 대원각의 주인 길상화 김영한 보살이 법정 스님에게 대원각을 기증한다는 뉴스가 나왔을 때는 '정치·경제계의 거물들이 드나들던 요정이 절로 바뀐다'는 게 이슈였다. 하지만 법정 스님이 입적하면서 길상사는 그야말로 '맑고 향기로운 도량'의 표본으로, 무소유의 청빈한 수행자가 연꽃향기 같은 법을 펴던 곳으로 사람들의 발길을 끌어들이고 있었다.

길상사의 트레이드 마크가 된 관세음보살상.

"꼭 성모 마리아 같네."

"아냐. 관세음보살님이야."

설법전 앞쪽에 현대조각 작품 한 점이 모셔져 있었다. 목 아래까지 머리카락을 늘어뜨리고 보관을 쓰셨는데 왼손으로는 감로수병을 가슴에 안았고 오른손을 들어 보이시는 관세음보살님. 길쭉한 키에 주름 없는 얇은 원피스가 발목을 덮고 있다. 발등과 발가락은 앞으로 얌전하게 드러나 있는데 사뭇 친근감 넘치는 모습이다. 고임돌 옆면에 설명이 새겨져 있었다.

'이 관세음보살상은 길상사의 뜻과 만든 이의 예술혼이 시절인연을 만나 이 도량에서 이루어진 것이다. 이 모습을 보는 이마다 대자대비한 관세음보살의 원력으로 이 세상 온갖 고통과 재난에서 벗어나지이다. 나무관세음보살. 증명회주 법정 스님 외 대중일동. 시주 한환희행 외 동참불자. 돌새김 이재순. 조각 최종태. 불기2544년

(2000년) 4월 26일 세우다.'

"이 관세음보살님이 여기 세워진 지 꼭 10년 됐구나. 참 인상적이네."

"여보님, 우선 극락전으로 가요. 길상사는 대웅전이 따로 없고 극락전이 중심법당
이래."

극락전으로 발길을 돌리니 눈앞에 졸졸 맑은 물이 흐르는 식수대가 있었다. 범종
각 아래였다. 작은 바가지로 목을 축이고 나니 나뭇가지로 만든 액자가 보였다. 액
자 속에는 법정 스님의 글귀가 적혀 있었다. 나팔수 씨가 작은 소리로 읽었다.

'무상하다는 말은 허망하다는 것이 아니라 '항상하지 않는다' '영원하지 않다'
는 뜻이다. 그러므로 고정되어 있지 않고 변화한다는 뜻이다. 이것이 우주의 실
상이다. 변화의 과정 속에 생명이 깃들고 변화의 과정을 통해 우주의 신비와 삶
의 묘미가 전개된다.'

법정 스님

식수대 앞에 서 있는 소망불탑의 끄트머리에도 법정 스님의 글이 한 토막 적혀 있었
다. 도량 곳곳에서 주옥같은 법정 스님의 글을 맛볼 수 있는 것은 길상사만의 묘다.

'내 소망은 단순하게 사는 일이다. 그리고 평범하게 사는 일이다. 느낌과 의지
대로 자연스럽게 살고 싶다. 그 누구도 내 삶을 대신 살아줄 수 없다. 나는 나
답게 살고 싶다.'

법정 스님

길상사 경내는 아기자기한 건물과 소담스러운 흙길로 이루어졌다.

"나답게 사는 것. 여보님, 자기답게 사는 일이 정말 멋진 줄 알지만 그게 그리 쉬운 일도 아니지?"

"그래도 나보다야 당신이 훨씬 당신답게 살잖아."

칭찬인지 꽈배기인지 알 수 없지만, 일단 칭찬으로 듣기로 했다. 극락전은 깨끗했다. 뽀얀 돌계단을 올라 왼쪽 문으로 들어가니 바로 영단이다. 그 맞은편 벽에 법정 스님의 사진이 걸려 있고 그 아래 놓인 화병의 꽃이 화사했다. 부부는 법당의 중간에 모셔진 아미타삼존불 앞에서 아주 낮게 몸을 낮춰 절을 세 번 하고 법정 스님 앞에서도 세 번 절했다.

본래의 건물을 훼손하지 않고 최대한 법당답게 꾸민 극락전. 부부는 약속은 하지 않았지만 들어가는 순간부터 나오는 순간까지 한마디도 하지 않았다. 그래도 서로 말없이 절하고 일어나서 자리를 옮기는데 손발이 척척 맞았다. 아무런 사인도 없이 그렇게 행동이 일치한다는 것에서 부부는 무한한 행복감을 느꼈다.

"법정 스님의 무소유란 것도 결국은 갖지 말라는 것이 아니라 불필요하게 많이 갖지 말라는 거야. 갖는다는 것은 집착하는 것이고 집착은 그 자체가 고통이니까. 사실 무소유에도 집착하면 그것도 고통이야. 무소유조차 무소유할 때 진정한 자유를 누리는 거지."

극락전 계단을 내려오면서 지혜장이 말했다.

"집에 그 『무소유』란 책 있어?"

"그럼. 난 처음부터 법정 스님 팬이었는걸. 『영혼의 모음』이 처음 내신 책이야. 그 뒤로 『무소유』 『서 있는 사람들』 등등이 나왔지. 집에 법정 스님 책이 여러 권 있으니까 천천히 읽어 봐서."

"아니, 읽겠다기보다는, 요즘 법정 스님 책이 하도 귀하다고 하기에……."

맑고 향기로운 세상을 위하여

부부는 예쁜 홍예문을 지나 개울을 낀 숲길로 접어들었다. 푸른 숲의 싱그러운 냄새도 좋고 길에는 황토를 깔아서 걷는 느낌도 좋았다. 폭이 좁은 다리를 건너자 자그마한 탑 하나가 보였다. 사각의 지대석 위에 두부 같은 고임돌이 있고 직사각형의 화강암으로 된 또 하나의 고임돌 가운데 '시주 길상화 공덕비'라고 새겨져 있다. 그 위에 타원형의 몸돌이 놓여 있는데 원만한 고인의 덕성을 상징한 것 같았다.

비의 뒷면에 새겨진 글을 지혜장이 또박또박 읽었다.

'이 길상사는 시주 길상화 김영한 님이 보리심을 발하여 자신의 소유를 아무 조건 없이 법정 스님에게 기증하여 이루어진 삼보의 청정한 가람이다. 신하고 귀한 그 뜻을 오래도록 기리고자 돌에 새겨 고인의 2주기를 맞아 이 자리에 공덕의 비를 세운다. 마하반야바라밀. 불기 2545년(서기 2001년) 11월 21일 길상사 대중 합장.'

적지 않은 재산적 가치를 아무 조건 없이 기증할 수 있다는 것. 부부는 길상화 보살의 커다란 원력에 새삼 감동했다. 이 공덕비 역시 길상화 보살의 뜻이 아니라 그 공덕을 기리고 싶은 뒷사람들의 의견에 따라 세워진 것이다. 그래서 크지 않게 화려하지 않게 소박한 징표로 서 있는 것이다. 조각가 배삼식 선생의 작품인데 비 어디에도 작가의 이름은 새기지 않았다. 그 역시 길상사다운 멋이다.

길상화 김영한 보살은 이미 1987년부터 법정 스님에게 기증 의사를 밝혔다. 법정 스님은 한사코 거절했다. 결국 네 번이나 거절하다가 1995년 받아들이기로 했는데, 그때 길상화 보살은 조건이 없었지만 스님은 조건을 걸었다. 개인이 아닌 조계종단의 이름으로 기증 받겠다는 것과 스님은 상징적 관리인일 뿐 주지를 하지 않겠다는 것. 참으로 무소유 정신에 입각한 조건이었다.

길상사는 송광사 분원으로 등기됐고 법정 스님이 주도한 '맑고 향기롭게 운동'의 근본도량으로 이어지고 있다. 법정 스님은 이 길상사를 기증 받았지만 하룻밤도 여

극락보전 앞 오색등이 찬란하다.

기서 잠을 잔 적이 없다고 전한다.

"주는 분이나 받는 분이나 막상막하. 세상 사람들에게 맑고 향기로운 마음이 뭔가를 일깨우는 아름다운 얘기야."

"원래 시주란 그래야 해. 삼륜청정(三輪淸淨)이란 말이 있는데, 시주를 하는 마음, 받는 마음, 주고받는 시주물건, 이 세 가지가 청정해야 한다는 거지."

부부는 '침묵의 방'을 들여다보았다. 아무도 없었다. 나팔수 씨는 들어가서 한번 앉아 보고 싶은 맘이 있었지만 괜히 그랬다가 오래 앉아 있게 될지도 모른다는 생각에 얼른 발길을 돌렸다.

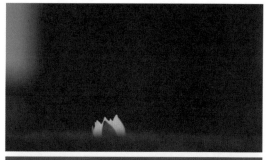

길상화 보살의 무주상보시와
법정 스님의 무소유 정신이
맑고 향기로운 도량 길상사를 만들었고,
그 절 연못에 연꽃이 만발하다.

대부분의 건물 앞에는 스님들의 수행공간이라고 들어오지 말라는 팻말이 있었다. 어차피 법당도 아닌데 들어가고 싶은 마음도 없었다. 부부는 유마선방, 행지실, 청향당, 길상선원 앞으로 난 길을 따라 천천히 걸었다. 아무도 말을 하지 않았다. 손도 잡지 않았는데 서로의 온기가 느껴졌다. 맑고향기롭게 사무실을 지나 다시 극락전으로 내려오니 아직도 관세음보살님은 그 자세 그대로 서 있었다. 관세음보살상 앞에서 나팔수 씨가 뜬금없는 질문을 했다.

"법정 스님은 지금 어디에 계실까?"

승가사

가슴에 손 얹고 서울을 굽어보라. 지옥이냐, 극락이냐?

죽음을 앞두고 옛 스승은 말했습니다.
살아서 극락을 좋아하지 않았고
죽어서 지옥을 두려워하지 않는다고.
어디가 극락이고 어디가 지옥인가요?
우지끈 화난 곳에 지옥 열두 대문 열리고
소박한 미소에도 극락 연꽃 피어난다는데
울고 웃는 세상,
지옥과 극락을 수천 번 되풀이하는 일상,
지옥보다는 극락에 머무는 시간이 더 많기를
원하고 또 원하는 이 마음 또한 지옥이 아닐까요?
지옥을 거두고 극락을 펼치는 조불조탑(造佛造塔)!
돌을 다듬어 부처를 빚고 탑을 쌓는 그 마음으로
살고 싶습니다.
매일 행복이라는 이름의
탑과 불상을 조성하고 싶습니다.

사찰 안내문도 시대를 따라가야

"삼각산이야, 북한산이야?"

"둘 다 맞지."

"그런데 왜 하나로 통일하지 못하는 거야?"

"북한이 아직 저러고 있는데 어떻게 통일이 되겠어?"

"그 북한과 산 이름이 무슨 상관?"

"상관없나? 없음 말고."

부부는 승가사(僧伽寺) 가는 산길에서 산 이름에 대해 이야기했다. 세검정에서 불광동 방향으로 가다가 구기터널 앞에서 우측 길로 접어들면 승가사 오르는 길이다. 세검정 신영동 구기동 방향 버스를 타면 어렵지 않게 찾을 수 있는 곳이다.

"사찰 일주문에는 삼각산을 많이 쓰는 것 같은데, 일반적으로는 북한산이 귀에 익은 이름인 것 같아."

"북한산이 공식 이름이라고 봐야지. 북한산국립공원이란 명칭도 있잖아. 어떤 사람들은 북한산이란 이름이 일제강점기 때 행정구역과 지명을 개편하면서 쓰였으니까 일제 잔재라고 하는데 그건 틀린 말이야. 조선시대의 지도나 문서에도 북한산이란 이름이 많이 기록돼 있거든. 삼각산은 백운대의 봉우리 세 개를 따서 부른 이름이고, 북한산은 한강 북쪽에 위치한다는 의미로 불린 이름이라고 보면 돼. 그러니까 둘 다 고유한 이름이고 역사성도 충분히 갖고 있어. 둘 다 인정하면 될 일이고 둘 다 쓰면 될 일이지. 좀 헷갈려도 말이야. 나는 굳이 하나로 통일해야 한다는 강박관념 자체가 필요 없는 스트레스라고 봐."

"그렇군요. 나는 괜히 이름 때문에 스트레스를 받고 있었네요. 이 대목에서 춘성 스님 일화가 생각나네. 춘성 스님이 양말을 짝짝이로 신고 계셨대. 그래서 어느 분이 '스님 양말이 짝짝이십니다' 하니까 '별놈 다 보겠네. 따로따로 보지, 두 발을 한꺼번에 보고서 분별을 하느냐?'고 되레 호통을 치셨다는 거야. 양말을 짝짝이로 신은 이유는 남이 신다 버린 것을 주워서 신은 때문이었대."

"재밌는 얘기네. 이 산도 어디를 가도 경치 하나는 끝내준다는 거지. 이 길은 이 길대로 저 길은 저 길대로, 솔숲과 기암괴석이 주는 향기롭고 강한 에너지를 느낄 수 있잖아."

승가사 가는 길은 솔숲 길이다. 묵직한 이미지의 고급 빌라들이 몰려 있는 초입을 지나면 곧바로 솔향기가 난다. 오르막길이지만 편안한 마음으로 걸을 수 있는 것은

산길의 안온한 분위기가 흐트러지지 않고 이어지기 때문이다.

부부는 천천히 걸었다. 주말이나 휴일이면 등산객들로 북적일 길이지만 평일 오후라 사람들은 많지 않았다. 40여 분을 걸어가니 일주문이 나왔다.

"봐, '삼각산 승가사'라고 쓰여 있잖아."

일주문. 그윽한 숲길이 한정 없이 이어질 것만 같은데, 중간을 가로막고 세간과 출세간을 나누는 문이 있다. 양쪽 기둥에 활처럼 휘어진 장식기둥을 세우고 연꽃 봉우리를 아래위로 장치한 아름다운 일주문이다. 그 옆에 승가사를 소개하는 안내판이 세워져 있다. 절의 위치를 표시한 그림이 산수화로 되어 있어 일품이다. 연혁은 순전히 한자로 적혀 있는데 작은 글씨로 한글 토를 달아두어 읽을 수 있었다.

승가사 연혁

승가사는 거금 1230년 전 신라 경덕왕 15년(단기 3089년) 수태 선사가 세칭 관세음보살의 화신이라 일컬어지던 당서역 신승(神僧) 승가 대사가 한토에 내화하였다는 성적(聖跡) 도덕을 사모하여 삼각산 남쪽의 승지를 가리어 석굴을 개착하고 굴암자를 조성하며 돌을 조각하여 승가대사상을 모형하여 사명을 승가사라 하였다.

그 후 국가에 건곤의 변과 수한한재(水旱旱災)가 있을 적에 석불전(마애여래불 보물 제215호)에 기도하면 곧 영험이 있으므로 역대 군왕이 친히 거동하여 3일, 7일씩 각각 설재(設齋)를 베푸는 등 국태민안을 기원하는 호국도량으로 유명했다. 신라, 고려, 이조 때까지는 국명(國命)으로 사를 중창하여 왔으며 이조 태종 7년에 각 종(宗)을 폐합할 때 본사는 조계종에 속하였다. 특히 본사는 신라, 고려 양 조에는 국가적으로 신앙의 중심이 되었고 배불숭유로 일관했던 이조 초엽 고승인 함허 선사가 본사에서 득도하였으며 정종 4년에는 성월 대사가 석불전에서 대비주 10만 편을 지송하고 팔도승통이 되어 당시 애잔한 교집(敎執)을 대흥시키는 등 수많은 인천지사가 여기에서 배출되어 중생을 교화하였고 마애여래불과 약사보살의 신묘한 가피와 약수의 신효 등으로 또한 억조창생 재생의 보금자리로서 빛나는 전통과 역사를 가졌으나 왜정(倭政)과 6·25 동란을 치르는 동안 사찰 본연의 사명은 완전 상실되었다. 그 후 종단정화를 계기로 비구니 도원 스님(단기 4288년)이 주지로 취임하고 다시 비구니 상륜 스님(단기 4304년)이 주지로 부임하여 불교중흥의 대원을 세우고 도량 장엄과 중창 불사에 착수하여 본사 창시 이후 미유의 대불사로 성지로서의 면모를 일신하였다.

단기 4321년 불기 2532년.

"와, 숨차서 어디 읽겠어? 어느 절이고 안내판에 성의가 없는 것 같아."

나팔수 씨의 지적은 옳았다. 사찰을 소개하는 글은 읽기 편하고 이해하기 쉬워야 하는데 대부분 사찰의 안내판은 옛날식 문장이고 한자를 지나치게 많이 쓰고 있다.

"여보님 말씀이 옳으십니다. 사찰 안내문에 대한 모범적인 스타일을 만들어 보급할 필요가 있을 것 같아요. 여기는 문장이 어렵기도 하지만 어처구니없는 오자도 더러 보이는군요. 22년 전에 쓴 글이니 이젠 바꿀 필요가 있겠어요."

"그렇지? 이렇게 읽는 사람에 대한 배려가 없으니 어디 눈길이 갈 수 있겠어?"

간절한 염원
탑에 새겨 바라옵나니

　일주문을 들어서니 청운교라는 글자가 새겨진 돌 하나가 나왔다. 왼쪽으로 계단이 놓여 있고 곧바로 가는 길도 있다. 부부는 계단을 택했다. 계단의 끝에 커다란 탑이 있었기 때문. 화강암 계단은 제법 경사를 이루고 있지만 용머리 조각을 시작으로 중간에 연꽃 기둥이 세워져 있는 난간의 화려한 장치가 보기 좋았다.

　"엄청 크네."

　민족통일기원호국보탑. 1987년에 시작하여 7년 만에 완공된 호국보탑은 높이가 25m에 이른다. 인도 정부로부터 공식적으로 기증 받은 부처님 진신사리 1과와 청옥와불 1구, 아라한 사리 2과, 패엽경 1질, 무구정광다라니경판 1질, 철제 9층탑 99기, 화엄경 9질 등이 봉안돼 있다.

　팔각구층탑의 외관에는 어느 한 곳도 비워둔 곳 없이 섬세하고 아름다운 조각을 넣었다. 가장 눈에 띄는 곳은 탑의 하단부인데, 코끼리와 사자 등 각종 동물과 연꽃

민족통일기원호국보탑. 1987년에 시작하여 7년 만에 완공된 호국보탑은 높이가 25m에 이른다.

문양이 가득한 기둥과 사천왕상이 빙 둘러쳐진 외곽과 안쪽 굴에 앉아 계시는 부처님의 단정한 자세가 묘한 대비를 이루며 웅장함과 화려함의 조화를 이루고 있다. 사방으로 탑에 오르는 난간이 있고 그 앞에 동자들이 공양 올리는 자세로 앉아 있다. 공양상을 빙 둘러 코끼리와 사자 등이 탑을 외호하고 있고 난간의 계단마다 연꽃이 활짝 피어 있다. 하단의 육중함이 탑의 각층 몸돌에 펼쳐진 부처님 회상과 옥개석의 화려한 장엄을 떠받치고 있으니 눈을 뗄 수가 없었다.

"어쩜 이렇게 정교하고 화려하게 조각할 수 있을까? 돌을 이렇게 다룰 수 있다는 것이 신기할 뿐이야."

"마눌 보살님도 완전 감동 먹었군. 나도 이렇게 멋진 탑은 처음 봐. 옛날 탑이 주는 고풍스러운 맛과는 또 다른 느낌이 드는걸."

"탑을 왜 세우는지 아시나요?"

"민족통일을 기원하기 위해 세웠다잖아. 이름도 그렇고."

"아니, 이 탑 말고 불교에서 탑을 세우는 의미 말이야. 처음 탑을 세운 것은 부처님 진신사리를 모시기 위해서였대."

사찰은 수행자들이 거주하는 공간이기도 하지만 부처님의 사리를 모시는 탑과 부처님 형상을 조성한 불상을 모시는 공간이기도 하다. 그러니까 불상은 부처님의 형상을 직접 나타낸 것이고 탑은 부처님의 사리를 모신 곳이다. 둘 다 부처님을 상징하는 가장 직접적인 신앙의 대상이다.

"그렇다고 모든 탑에 다 부처님의 진신사리를 모신 건 아니잖아."

"그렇지. 그래서 탑에 불경을 모시는 거야. 부처님의 가르침을 담은 불경은 그 자체가 법신불이니까. 탑이나 부처님 복장에는 반드시 불경을 봉안하는데 다른 보물들을 함께 넣으며 소원을 빌기도 하지."

"그러니까 탑은 부처님의 가르침을 상징하는 조형물이다 이거네."

"오케이. 이 탑의 경우 민족통일이라는 시대의 염원을 담아 세움으로써 부처님의 가피로 통일이 앞당겨지길 바라고 또 한편으로는 부처님의 가르침에 입각한 불자들의 바른 생활이 통일을 이끄는 힘이 되게 하겠다는 원력도 들어 있는 거야."

네 마음속에 다 있는데 어디서 찾느냐?

부부는 탑의 왼쪽에 설치된 나무계단을 밟고 올라갔다.

"이 절도 계단이 만만치 않아."

계단이 끝난 곳은 종루 아래였다. 정면에 대웅전이 날아갈 듯 산뜻하게 서 있다. 저절로 합장하고 고개를 숙이게 하는 엄격한 풍모다. 지혜장이 문득 뒤를 돌아보았다.

"서울이 한눈에 보이네."

옛 선비들이 승가사에서 읊은 시에는 하나같이 구름이 등장한다. 고려 말기 유원순(兪元淳 · 1168~1232)의 '재삼각산(在三角山)'이란 시는 "기구한 돌사다리 구름 밟고 올라가니(崎嶇石棧攝雲行)"로 시작된다. 조선 초기의 대학자 정인지(鄭麟趾 · 1396~1478)의 시에도 "처마 가에 가던 구름 머물고"란 구절이 있다. 그만큼 절이 높은 곳에 있고 멀리까지 조망되어 시야가 쾌활하다는 뜻이다. 멀리 보이는 빌딩 숲에서는 지금도 생존경쟁이 불꽃 튀겠지만 산사의 마당에 서 있는 부부에게는 무량한 감동이 있을 뿐이다.

"저쪽은 지옥이고 여기는 극락인가?"

"아니지. 저쪽도 극락이고 여기도 극락이지."

"그건 당신처럼 불심 깊은 사람 얘기고. 난 저곳이 지옥으로 보일 뿐이야."

"여보님, 내가 옆에 있으면 어디든지 극락 아닌가요?"

"회사도 함께 다닐래?"

"결혼 전엔 '내 맘 속에 언제나 당신이 함께 있다' 하더니 이젠 여보님 마음 따로 내

정갈한 승가사 대웅전.

마음 따로야?"

"……."

대웅전은 정갈했다. 부처님의 집[佛堂], 법의 집[法堂], 가장 귀한 집[金堂]이 정갈하
지 않으면 어디가 정갈하겠는가? 대웅전과 지장전, 적묵당(선방)의 현판은 수덕사 방
장을 지낸 원담(圓潭) 스님의 글씨다.

대웅전 중앙에는 좌우 협시불 없이 석가모니 부처님만 모셔져 있는데 용과 구름이 화려하게 조각된 축원패가 눈에 들어왔다. 부처님의 왼쪽으로 '국운융창국태민안', 오른쪽으로는 '불일증휘법륜상전'이라는 글귀가 금빛을 발하고 있다. 부처님 뒤는 금빛을 입힌 후불탱이 조성되어 있고 신중단과 칠성단, 독성단 모두 목각탱에 금을 입혔다. 탱화보다 훨씬 공력이 들고 비용도 몇 배 더 들겠지만 목탱을 조각하고 금을 입혀 장엄한 법당은 엄숙했다.

부부는 법당을 나와 영산전과 명부전, 산신각을 차례로 참배했다. 지장전에는 목탱만 모셔져 있는데 지장보살님이 의자에 앉아 계시는 모습이어서 독특했다.

"그런데, 전(殿)과 각(閣)의 차이가 뭐야?"

나팔수 씨의 질문이 조금씩 예리해지고 있다. 지혜장은 반가우면서도 공부 더 하지 않으면 안 된다는 생각에 살짝 부담이 됐다.

"'전'은 규모가 큰 집에, '각'은 작은 집에 붙이는 명칭 아닐까?"

사찰에서 무슨무슨 전이라고 하면 그 안에 부처님이나 보살님을 모신 것이고 무슨무슨 각 하면 그 안에 불보살님 외의 존자들을 모신 것이다. 대웅전, 관음전, 약사전, 지장전, 나한전, 용화전 등은 불보살님의 격을 모신 거고 산신각, 삼성각, 독성각(천태각), 칠성각 등은 불보살님 외의 분들, 다시 말하면 주로 토속신앙을 융합하면서 불교에 받아들여진 분들을 모신 집이라고 보면 된다.

"그래, 뭔가 분명한 차이가 있는 것 같더라고."

"그러니까 절의 구조와 절에서 보이는 것들만 이해해도 불교 공부 절반은 하는 거야. 여러 절을 다니면서 기도하고 공부하는 즐거움을 여보님도 조금씩 아시게 될 거야."

석굴로 된 약사전.

고려시대에 조성된 승가대사상.

법당 왼쪽 계단을 올라가면 커다란 자연암반 아래의 석굴법당이 보인다. 돌로 벽을 치고 유리문을 달았다. 승가대사상을 모신 곳, 약사전이다. 승가 대사(627~708)는 인도 출신으로 중국 당나라에서 많은 이적을 보이고 자비를 베풀어 관세음보살로 추앙 받던 고승이다. 승가사 승가대사상은 고려 현종 15년(1024)에 조성된 석불로 보물 제1000호로 지정됐다. 이 초상조각은 고려 초기의 양식을 그대로 반영하고 있으며 광배의 뒷면에 조성연대와 조성자의 이름(지광 광유 등)이 새겨져 있다.

"참 편안해 보이지? 두건도 멋지고 입술에 바른 루주도 어울리고. 저 오른손 좀 봐. 검지로 자신의 가슴을 가리키고 있어."

"글쎄, 그게 무슨 뜻일까? 야, 나한테 다 털어놔. 내가 해결해 줄게. 뭐 이러시는 것 같기도 하고."

"내 안에 모든 게 들어 있다는 말을 하시는 것 아닐까? 누구든 자신의 마음속에 희로애락이 다 들어 있는데 자꾸만 밖을 탓하며 살잖아. 좋은 것도 싫은 것도 다 자신의 문제로 받아들이라는 가르침이라고 봐."

"오래전에 본 드라마 '파리의 연인'에서 이동건이 김정은에게 애절하게 '이 안에 너 있다'며 가슴을 가리키던 장면이 생각나는군. 그런데 이상해. 스님의 형상을 모신 곳인데 약사전이라니, 약사전은 약사여래불을 모셔야지."

승가사 석굴법당은 원래 승가굴로 불렸다. 승가대사상을 모신 석굴이므로. 조선 세종의 왕후인 소헌왕후가 병이 들어서 이 절에서 기도를 올렸는데 효험이 있었고 그때부터 승가굴이 병을 고치는 기도에 효험이 있다 하여 이름도 약사전으로 바뀐 것이다. 물론 요즘도 치병기도처로 유명하다.

"승가 대사님이 약사여래불로 승진하셨네."

"자, 영험하다는 약수 한 모금 하셔야죠?"

지혜장은 승가대사상 뒤쪽 바위에 달린 작은 문을 열고 물을 떴다. 시원하고 담백한 물맛이 몸 속 모든 병을 고쳐줄 것 같았다.

극락과 지옥은 따로 있는 게 아니다

화강암으로 된 원형의 향로각은 적별보궁의 법당처럼 그 안에서 마애석가여래좌상을 볼 수 있다. 마애석가여래좌상까지는 108개의 돌계단을 올라가야 하는데 힘든 사람들은 향로각에서 기도를 할 수 있게 한 것이다.

"우린 계단을 올라가야지?"

"당근. 그런데 여보님, 계단이 108개라는데 그 위가 극락이거든. 하나씩 올라가면서 반배를 하는 방법이 있고 그냥 올라가서 108배를 하는 방법이 있어. 어느 걸 선택하시려우?"

"둘 다 노(No). 난 그냥 걸어 올라가서 합장이나 한 번 하는 걸로 만족."

"그러지 말고 반배하면서 108계단을 올라가시죠. 그러면 내가 108배 한 걸로 쳐줄 테니까. 물론 생애 처음으로 108배 하신 기념파티도 해 드리고."

"좋아, 허리운동 좀 하지 뭐."

부부는 한 계단을 오를 때마다 합장 반배를 하면서 '지심귀명례 석가모니불'을 염송했다. 별것 아닐 것 같았는데 나팔수 씨에게는 만만치 않은 고행이었다. 그래도 계단의 끝은 있었고 그 끝 계단에서 마음이 시원해졌다. 나팔수 씨는 '계단 끝이 극락'이라던 아내의 말이 거짓말이 아니라고 생각했다.

"나, 108배 한 거야. 그치?"

승가사 마애석가여래좌상(보물 제215호)은 거대한 화강암에 낮은 부조로 새긴 고려시대 양식의 마애불이다. 생동감 있는 연꽃 위에 앉은 부처님은 앞가슴을 당당하게 내밀고 계시는데 굳게 다문 입과 커다란 귀가 무언의 설법을 내리는 것 같다.

우리나라는 좋은 화강암이 많아서 어디서나 마애불을 새길 수 있다. 마애불은 동남아 지역에서도 새기는데 조금씩 양식적 차이는 있다. 우리나라는 인도에서 중국을 거쳐 온 불상조각의 영향을 받았는데 태안 마애삼존불과 서산마애삼존불 등이 초기

승가사 마애석가여래좌상은 서울 시내를 굽어보며 꾹 다문 입으로 무언의 설법을 하는 듯하다.

마애불의 대표작이다. 모두 백제의 솜씨다. 불교를 가장 뒤늦게 받아들인 신라가 가장 화려하고 아름다운 불상을 만들었는데, 양적인 면에서도 신라의 작품들이 많이 전해지고 있다. 경주 남산은 마애불로 장엄된 야외 법당이라고 할 만하다.

"마애불은 들고 다닐 수 없으니 한 번 새기면 그 자리에 붙박이잖아. 그러니까 지역에 따라 솜씨도 차이가 많겠어."

"그래서 조각이나 미술사를 전공하는 분들에게는 마애불이 상당히 중요한 자료라고 하더라고."

부부는 108배를 했지만 마애불 앞에서 삼배를 했다. 천년의 바람을 어루만지며 그 자리에서 숱한 중생들을 만나셨을 부처님이 저렇게 근엄한 모습으로 보고 계시는데 그냥 뻘쭘하게 서 있을 수가 없었다. 석불전에서는 서울이 더 넓게 보였다.

"푸른 신록 안에서 빌딩 숲을 보는 느낌, 역시 극락에서 지옥을 보는 느낌이라고 해야겠지?"

"아니, 저기도 극락이라니까."

"아냐, 저쪽은 지옥이야. 그래도 어서 지옥으로 가서 파티나 하자고. 108배 기념 파티."

"좋아, 여보님. 파티에 앞서 예쁜 아내가 선물을 드리지요. 자, 이걸 한번 크게 읽어 보세요."

지혜장은 배낭에서 봉투를 꺼내 그 속의 종이 한 장을 내밀었다. 종이에는 김관식 (金冠植 · 1934~1970) 시인의 시 한 편이 적혀 있었다. 나팔수 씨가 제법 굵직한 목소리로 시를 읽었다.

승가사(僧伽寺)에서

詩 · 김관식

여기 외로운 혼령들끼리 수부룩이 모여 살게 하기 위하여 누가 세운 절집 뒤 안길에 한숭어리의 풀꽃을 둘러싸고 어우러져 날으는 오빠시떼들 머리를 부딪치며 달라붙는 모양을 이윽히 살피다가 발길을 옮긴다.

바윗돌을 다루는 솜씨로 말미암아 조금만 건드리면 그대로 앵돌아질 찬란한 웃음 지그시 눌러담아 구김살 하나 없이 저렇게 너그러워 관옥 같은 얼굴이 달덩이처럼 선연히 솟아올랐다고는 생각조차도 할 수 없는 일이다.

꽃판에 앉으신 석가여래 부처님 무릎 위에 안기어 잠들었으면 도도록한 가슴에 주르륵 젖이 솟아 입으로 흐르려니 배고픈 줄 모르고 한시름을 잊을래.

쏠쳐내리는 벼랑의 물을 정수리로 받아 인 채 적시고 서 있으면 흥건히 피가 돌아 무어래도 넉넉히 이루어질 것이요. 입때 가난한 살결에서도 햇살에 빛나는 감잎같이 동백기름 칠칠한 윤이 우러나리라.

하늘은 제 몰골을 도로 찾았거니와 자욱한 소나기 비 몰려 들어오는 듯, 풀벌레 소리 우거진 수풀 속에 싸리나무 순애기도 자랄 만큼 자랐다.

청산 만리에 저물음이 끼이면 머언 들녘 끝 언저리에서, 알연히 서물거려 기어오는 무엇이 보이지 않는가. 고개 돌려 보아야 어느 겨를에 나를 에워싼 것은 가을이로다.

도신사

포대 화상 넉넉한 웃음
철철 넘치는 세상은 언제 오나

여름 내내 익은 연실(蓮實)은
천년이 지난 뒤에도 꽃을 피웁니다.
천년 동안 우주만물은 하염없이 바빴습니다.
꽃이 피는 소식을 전하기 위해
아침마다 천녀들이 주악을 울렸고
열매 익는 소식 전하기 위해
저녁마다 신장들이 별을 밝혔습니다.
삼천대천세계가 한 송이 연꽃을 위해 바쁜 것처럼
절하나 세운 공덕, 천년 넘게 꽃피어 있습니다.
오늘 하루의 모든 일들 천년 뒤의 꽃이 됩니다.
꽃 한 송이 피우는 마음, 연밥 한 알 익히는 정성으로
순간 속의 천년을 살고
천년 속의 순간을 웃겠습니다.
포대 화상처럼 껄! 껄! 껄!

의미 없는 것은 하나도 없다

"여기야 여기."

"와, 벌써 다들 모였네요. 방가방가."

서둘러 왔지만 벌써 회원들이 모여 있었다. 지혜장이 가입한 카페의 회원들 오프라인 모임. 도선사(道詵寺)로 사찰순례를 가는 날이었다. 회원 수가 많지 않은 카페지만 다들 열심히 기도하고 수행하는 열혈불자들이다.

나팔수 씨는 아내에게 혼자 다녀오라고 했다가 도선사라는 말에 구미가 당겨 동행하기로 했다. 빡빡머리 학생 시절에 두어 번 갔던 기억이 떠올랐다. "회원 중에 미인이 많으신가?" 하니 지혜장이 "내가 젤 예뻐"라고 했다. 동행을 취소하고 싶은 마음이 훅 솟구쳤지만 "농담이겠지" 하며 옷을 갈아입었다.

부부는 지하철 4호선을 타고 미아삼거리역에서 내려 2번 출구로 나와 버스(120번 130번 등)를 타고 종점까지 왔다. 우이동 계곡 초입에서 도선사까지는 좀 빡센 오르막길(그것도 포장도로)인데 도선사에서 무료로 운행하는 버스가 있었다.

"스님 오신다. 스님, 여기예요."

역시 카페 회원인 선행(善行) 스님이 도선사를 안내하겠다고 자처했다. 스님은 모임 공지사항 댓글에 '소승이 안내할까요? 제 도반이 도선사 문중이라 몇 번 가 봤거든요. 혹시 도반스님이 계시면 더 좋을 것 같고요'라는 글을 올렸다. 물론 감사, 대환영, 스님 멋져부려, 기대만발, 도반스님 꼭 계시길 등등의 댓글이 이어졌다.

"다 오신 건가요? 몇 분이시죠?"

"스님까지 열다섯 명입니다."

버스가 출발한 지 10분도 안 되어 멈춘 곳은 '마음의 광장'. 둥근 광장 한가운데에 돌로 둥그렇게 만든 화단이 있고 그 복판에 높다랗게 부처님이 앉아 계셨다. 부처님 몸에 비둘기 두 마리가 앉아 있었다.

"자, 여기서 인증샷 한 컷 찍습니다. 이왕이면 비둘기도 나오게 찍어 주세요."

회원들은 기념사진을 찍고 사찰 안내판 앞에 섰다. 안내판에는 빼곡하게 도선사의 역사가 적혀 있었다. 사찰을 창건한 개산조는 신라 말의 유명한 도승 도선 국사라는 것. 도선 국사는 '천년 후 이곳에서 말세불법이 다시 흥하리라'라는 예언을 하며 이곳에 절을 세우고 신통력으로 큰 바위를 반으로 갈라 한쪽 면에 20여 척에 달하는 관세음보살상을 주장자로 새겼다는 것. 그래서 지금도 정을 사용한 흔적을 찾을 수 없다는 것. 한국불교를 대표하는 조계종의 종정 총무원장 중앙종회의장 장로원장 등을 역임하신 청담 대종사께서 참회를 통한 조국통일 불교 중흥 성취를 원력으로 세우시고 도량을 일신하셨다는 것. 청담 대종사의 뜻에 공감한 고(故) 박정희 대통령과 대덕화 육영수 보살이 그 불사에 적극 동참했다는 것. 육영수 여사의 법명 대덕화는 청담 대종사께서 지어주신 것이라는 것. 청담 대종사의 사상과 원력이 이어져 오늘날의 대도량이 가꾸어지기까지 여러 스님들의 노력과 불자들의 동참이 있었다는 것. 오늘날 도선사는 복지·문화·교육·기도 등 다방면에서 앞서가는 도량이라는 것(휴우~, 간추리기도 힘드네) 등이 안내문의 줄거리였다.

'삼각산 도선사'라는 현판이 걸려 있는 천왕문 옆에 표지판이 세워져 있었다. 선행 스님이 회원 한 명에게 최대한 큰 소리로 읽으라고 했다.

"이 천왕문은 1987년 11월 15일 완공한 불사로서 봉황문이라고도 하며 본래 맑고 깨끗해야 할 부처님의 세계를 지키는 사천왕을 모신 문입니다. 동쪽의 지국천왕, 서쪽의 광목천왕, 남쪽의 중장천왕, 북쪽의 다문천왕께서 거룩한 삼보를 지키시는 문입니다. 나쁜 것을 깨 버리고 올바른 일을 펼치려는 마음을 일깨워 주는 데 그 뜻이 있습니다. 지국천왕은 비파를 들고 중장천왕은 보검을, 광목천왕은 용관, 여의주 또는 견색(새끼줄)을, 다문천왕은 보탑을 받쳐 든 모습을 하고 있는 것이 보편적입니다……."

안내문은 천왕문의 왼쪽엔 동남천왕, 오른쪽엔 서북천왕이 배치된다는 것과 그들은 원래 인도 재래의 신인데 불교의 수호신이 되어 사방을 지키게 되었다는 내용과 인도에서는 귀족의 모습으로 표현됐으나 중앙아시아를 거쳐 우리나라로 오면서 무인의 모습으로 변했다는 것을 덧붙이고 있었다.

"자, 이 문을 지나가면 여러분은 깨끗한 몸과 마음을 지니게 되는 것입니다. 사천왕의 모습이 무서운 사람은 나쁜 짓을 많이 했다는 것이겠지요?"

절에서 만나는 모든 것에는 다 깊은 의미가 있다는 것을 강조하는 선행 스님은 마치 유치원생들을 데리고 온 교사처럼 자상했다.

나누고 베푸는 삶의 선구자 포대 화상

천왕문을 지나 오른쪽 기슭에 모셔진 포대 화상을 만났다. 그 옆에는 석등과 부도가 몇 기 세워져 있는데 최근에 세운 듯했다. 선행 스님은 근래 도선사에서는 포대 화상을 여러 분 조성해 모셨다며 포대 화상에 대한 안내판도 큰 소리로 읽으라고 했다.

"중국 당나라 시대의 걸승으로만 알려져 있으며 생존 당시에는 많은 사람들이 알지 못했으나 사후에 그 덕을 기려 찬양하고 있으며 어린아이와 같은 천진하고 깨끗한 마음과 모든 것을 베풀어 주는 자비의 화신으로 대변되는 분입니다. 출생과 이름을 알 수 없고 항상 등 뒤에 커다란 포대를 메고 다니며 탁발 시주를 하였다 하여 포대 화상이라고 이름 붙였으며 시주한 사람에 대하여 꼭 한 가지씩 길흉에 대한 말을 해 주곤 하였으며 청명한 날씨에도 나막신을 신고 다니는 것을 보면 사람들은 비가 온다는 것을 알고 대비했다고 합니다. 탁발한 물건이 포대에 가득 차면 가난하고 헐벗고 굶주린 사람들에게 나눠주고 또다시 탁발행각을 벌였다고 합니다……."

한 회원이 포대 화상은 원래 미륵불인데 사람으로 변신하여 내려오신 거냐고 질문했다. 선행 스님은 그렇게도 볼 수 있다며 "우리가 미륵불을 어떻게 이해하느냐가 더 중요하다"고 말했다. 구원의 메시아로서의 미륵불보다는 중생들 각자가 스스로를 구원하는 정진력으로 살아간다면 우리가 모두 미륵불이 될 것이라는 게 선행 스님의 설명이었다. 나팔수 씨는 그 대담한 비약에 놀라지 않을 수 없었다. 이어지는 선행 스님의 말도 놀라웠다.

"포대 화상은 불교가 가르치는 복지의 모범일지 모르겠어요. 나눔의 삶이란 '자기[我]'가 없어야 하는 겁니다. 나에 대한 집착이 있으면 진정한 나눔을 실천할 수 없어요. 포대 화상은 물질과 언어를 초월한 행동으로 나눔을 실천했잖아요? 시주를 받아 어려운 사람에게 나눠주고 좋은 일은 기쁘게 말해주고 나쁜 일은 대비하도록 했으며 말없이 일기예보까지 하셨으니 말입니다. 저 불뚝한 배와 등 뒤의 포대는 가득한 자비를 상징하는 거겠지요?"

스님의 자상한 설명 끝에 지혜장이 나팔수 씨의 배를 쿡 찔렀다. '이 똥배에도 자비가 들어 계시냐?'는 눈짓과 함께.

일행은 '신념무적(信念無敵)' '만고광명(萬古光明)'이라는 글자가 새겨진 석등을 지나 일본 고야산 안양원에서 1983년 청담 대종사 12주기 열반재 때 모셔왔다는 지장보살상에 절을 했다. 해우소 앞의 커다란 발우는 '세상을 담는 그릇 발우'라는 안내판 옆에 놓여 있는데 도선사 '108산사 순례기도회'가 불우이웃돕기 성금을 모으는 대형 발우였다. 회원 한 사람이 계단을 밟고 올라가 발우 안을 들여다보더니 "아직 멀었어. 바닥이야"라며 지폐 한 장을 담았다.

"여기 또 포대 화상이 계시죠?"

종무소를 거쳐 대웅전으로 올라가는 계단 옆, 연등으로 장식한 단 위에 포대 화상이 서 있었다. 사람들이 화상의 배꼽을 얼마나 만졌는지 배꼽 근처가 반질반질했다. 옆에는 포대 화상의 배꼽을 만지는 방법이 적힌 안내판도 걸려 있었다.

"아랫배를 왼쪽에서 오른쪽으로 세 번 돌리며 만집니다. 포대 화상이 크게 웃을 때

포대 화상은 자비의 화신이다.

그 웃음을 따라 함께 웃으면 무병 장수 부귀의 세 가지 복이 생깁니다."

선행 스님은 안내판의 글귀가 무엇을 상징하는지 잘 생각해 보라고 했다. 스님은 "신앙이라는 것은 드러나는 것이 전부가 아니다"며 드러나는 행위 속에 감춰진 진짜 의미를 파악하라는 것이었다. 포대 화상의 배꼽을 만지는 것이 화상을 웃게 하려는 것 같지만 그 속에는 우리도 화상의 자비심을 배우겠다는 염원을 담는 것이라 했다. 그래서 화상이 크게 웃듯 우리가 나눔의 기쁨을 생활화할 때 복 받는 삶을 영위할 수 있다는 설명이었다. 회원들은 "네, 아~ 네" 하며 합장을 했다. 나팔수 씨는 '역시 스님은 다르시다'는 생각을 하며 아내가 가끔 '으이그, 화상아~' 할 때 화상이라는 단어가 나쁜 말이 아니란 것을 알았다.

진지한 분위기는 법당에서 더욱 진지했다. 회원들은 질서 정연하게 법당으로 들어갔고 아무 말 없이 방석을 준비하고는 삼배를 했다. 법당 중앙에는 아미타 삼존불이 모셔져 있다. 아미타불과 관세음보살 대세지보살이 모셔졌고 붉은색으로 치장된 달

법당 중앙에는 아미타 삼존불이 모셔져 있다.아미타불과 관세음보살 대세지보살이 모셔졌고 붉은색으로
치장된 닫집의 중앙에는 '적별보궁' 이란 현판이 세로로 걸려 있다.

집의 중앙에는 '적별보궁'이란 현판이 세로로 걸려 있다. 상단의 목각후불탱과 좌우의 지장탱과 신중탱도 결 고운 금빛을 발하고 있었다. 중앙과 좌우로 작은 부처님들이 빼곡하게 모셔져 있고 화려한 단청이 신심을 북돋웠다.

"불단 가운데 계시는 아미타 부처님의 몸에서 영롱한 빛이 나와 사천왕상의 비파와 검, 관세음보살님의 보관에서 한 시간여 동안 녹색의 빛이 계속 발광했다는 뉴스 기억나세요?"

선행 스님의 말에 여러 회원들이 고개를 끄덕였고 한 회원은 "그런 이적을 어떻게 받아들여야 하느냐?"고 질문했다. 선행 스님은 빙그레 웃으며 "믿음은 곧 의심이 없다는 의미겠지요?"라고 반문했다.

돌부처에 귀의하는 정성과
참회하는 마음

회원들은 법당을 나와 삼성각과 명부전을 차례로 참배했다. 명부전에는 박정희 전 대통령 내외의 커다란 사진이 모셔져 있었다. 회원들은 절 안내문에서 읽은, 박 대통령 내외가 청담 대종사의 원력에 감화되어 물심양면으로 지원했다는 내용을 상기하며 합장 반배를 했다.

대웅전 왼쪽에 도선 국사가 지팡이로 새겼다는 석불전으로 올라가는 계단이 있고 계단 아래 석불전에 대한 안내문이 있었다. 석불은 서울시유형문화재 제34호이고 통일신라 말기에 조성된 것이며 높이 20m의 암벽에 9.43m의 크기로 새겼으며 머리 부분은 2.15m, 어깨너비는 2.88m라고 했다. 한때 입시가 다가오면 일간지에는 어김없이 도선사 석불 앞에서 기도하는 학부모들의 모습이 사진기사로 실리곤 했다. 그만큼 서울에서 이름난 기도처인 것이다.

좁은 솟을대문을 들어서니 생각보다 너른 공간에서 많은 사람들이 절을 하고 있었다. 더러 꼿꼿하게 앉아 참선을 하는 사람도 있었다. 석불과 석탑이 있는 노천 기도공간이지만 연등이 촘촘하게 달려 있어 실내 같았다. 문제는 바닥, 돌이었다. 깔판이 깔려 있지만 딱딱하긴 매한가지. 방석이 더러 보여도 이미 먼저 온 사람들 차지. 회원들은 여기저기서 스티로폼 방석을 하나씩 챙겨 왔다. 나팔수 씨도 어쩔 수 없이 두 개를 챙겨서 하나를 아내에게 주었다. "여보님, 생큐~."

회원들이 두 줄로 자리를 잡았고 스님이 죽비를 쳤다. 나팔수 씨도 삼배는 자신 있었으므로 따라했다. 그런데 이거 이상하다? 절은 삼배를 세 번 해도 그치지 않는다. 아, 이 양반들 108배 하는구나. 옆에서 시침 뚝 떼고 절하는 아내를 쳐다봤지만 아무 소용이 없었다. 땀을 삐질삐질 흘리며 108배를 마쳤다. 길게 숨을 토해냈다. 선행 스님의 설명이 이어졌다.

"바위를 다듬어 불보살상을 조성하고 거기에 귀의해 간절한 염원을 바치는 마음은 수천 년을 이어지고 있어요. 여러분은 108배를 하면서 무슨 생각을 하셨나요? 뭔가를 비는 것만이 기도는 아닙니다. 기도는 참회와 발원 그리고 원력이 한데 어우러져야 합니다. 청담 큰스님께서는 참회를 통해 중생의 소원이 성취되고 나라가 발전할 수 있다고 가르치셨습니다. 그래서 이곳 도선사를 참회도량이라고 합니다. 저 아래 건

물이 호국참회원입니다. 참회기도는 조국통일의
힘이 되는 것입니다."

참회는 단순한 뉘우침이 아니다. 과거의 죄를
뉘우치는 동시에 청정한 불자의 삶을 이루겠다는
원력을 세우는 것이다. 그래서 모든 기도는 참회
하는 마음으로 해야 한다. 무수한 시간 속에 알
게 모르게 지은 죄업들을 소멸하는 지극한 노력
없이는 기도가 될 수 없다. 또 자신과 이웃 일체
중생의 이익을 위해 소원을 빌 때 진정한 기도가
될 수 있다.

석불전 계단을 내려오니 마당가에 또 한 분의 포대 화상이 있었고 십일면관음보살,
문수 보현이 조성되어 있는 반야굴도 있었다. 일행은 호국참회원에 들어갔다. 정면에
는 아미타 삼존불이, 오른쪽 영단에는 수많은 위패들 가운데 청담 대종사의 진영이
모셔져 있었다. 조용히 삼배를 올리고 문가에 앉았다. 시원한 바람 한 줄기가 온몸을
감쌌다. 울창한 숲에서 뿜어져 나오는 푸릇푸릇한 향기가 마음을 청량하게 했다. 편
안했다.

나팔수 씨는 지혜장을 바라봤고 순간 눈이 마주친 부부는 행복한 미소를 나눴다.
'이렇게 편한 마음으로 아내를 바라본 적이 언제였던가?'

나팔수 씨의 뇌리에는 그간 아내를 따라다닌 절들이 주마등처럼 지나갔다. 이런저
런 작전을 구사하며 남편을 절로 인도하는 아내의 마음을 이제 이해할 수 있을 것 같

왔다. 108배를 하고 난 뒤부터 편해지는 마음을 어떻게 설명해야 할까? 자신에게조차 설명할 수 없는 그 청량감을 한없이 즐기고 싶었다.

"자, 이제 청담 큰스님을 뵈러 갈까요?"

도반스님이 있는지 알아보고 오겠다던 선행 스님이 혼자 돌아왔다. 그리고 낮은 목소리로 말했다. "도반 여러분, 제가 여러분 앞에 참회할 게 있어요. 사실은 이 절에 있다고 한 도반스님은 작년에 유학을 가셨어요. 유학 가신 뒤로 한 번도 연락을 하지 않았어요. 종무소에 가서 물어보니 공부 잘하고 계신답니다. 제가 오늘 안내를 하고 싶어 살짝 도반을 팔았답니다. 죄송해요. 굳이 그러지 않아도 되는데 그냥……."

일행은 선행 스님에게 큰 박수를 보냈고 스님의 얼굴이 홍당무처럼 빨개졌다. "스님, 역시 멋지세요. 저흰 스님만 계시면 그저 좋답니다." 다시 박수가 터졌고 스님은 합장으로 일행에게 미안함과 감사의 인사를 했다.

한국 현대불교의 중흥조 청담 대종사

청담 대종사의 동상과 부도 그리고 부도탑비는 종무소 앞의 12지신상을 지나 종각 뒤쪽에 있었다. 12지신상을 지나며 한 남성 회원이 질문했다.

"절에 12지신상을 조성하는 곳이 많은데, 이건 민속 아닌가요?"

"12지신은 방위나 시간에 대입시키는 12동물을 말합니다. 중국 상나라 말기의 갑골문자에도 12지신이 있었다고 해요. 중국이나 우리나라뿐 아니라 일본 베트남 등의

청담 대종사의 전신상과 부도.

나라에서도 보편적으로 사용하고 있어요. 나라마다 동물 배치가 좀 다르다고는 하더군요. 우리나라에서도 삼국시대 이전부터 사용했답니다. 무덤의 호석에도 사용했는데 김유신 장군의 묘에 처음 새겨진 것으로 보고 있어요. 이렇게 12동물을 사람의 형상으로 의인화해서 새긴 것은 당나라 때부터 시작된 것으로 알고 있습니다. 12지가 나타내는 방위나 시간 개념은 상당히 세밀한 편인데 나는 전문가가 아니라 알 수 없고요, 다만 누구나 12지에 맞춰 띠를 갖게 되는데 절에서 12지신상을 조성하고 그에 따른 운세 등을 설명하는 것은 하나의 방편입니다. 12지에 속하지 않는 사람이 없으니 일체 중생, 일체 생명을 말하는 것이지요. 여기처럼 띠별로 운을 정리한 것은 어디까지나 주역이나 기타의 역술에서 그렇게 말하는 것을 인용한 것이지 부처님의 가르침은 아닙니다. 그래서 방편이라 한 겁니다. 운세란 자신이 개척해 나가는 것이지 미리 정해진 건 아니잖아요."

일행은 침묵으로 스님의 설명을 섭수했다. 청담 대종사의 전신상은 '삼각산도선사 사적기명'이란 커다란 비석 윗단에 자리 잡고 있었다. 사각형의 기단석과 받침돌, 여덟 개의 기둥이 받치는 팔각의 판석, 복련과 앙련으로 조성된 받침대와 구름 문양이 가득한 받침대 등 층층이 쌓인 장엄한 장치 위에 석장을 짚고 있는 대종사의 형상이 아주 근엄해 보였다. 팔각의 중대석에는 대종사의 생애를 의미하는 내용의 부조가 있었다. 대종사는 저 아래 서울을 향해 눈길을 주고 계시는데 호국과 불교중흥의 발원이 누구보다 컸던 분인지라 한순간도 눈을 감지 않고 세간의 일들을 지켜보고 있는 것이 아닌가 싶었다.

다시 계단을 올라가니 부도탑비가 있었다. 견고한 기단 위에 불쑥 일어날 것 같은 자세로 엎드린 귀부는 거북의 몸, 용의 머리, 사슴의 뿔, 뱀의 비늘 등을 갖춘 전형적인 조형이었다. 목이 굵고, 치켜든 머리에서 느껴지는 기상이 강해 생동감이 느껴졌다. 탑비의 앞면에는 '전불심등부종수교조계종정청담조사비'라고 새겨져 있다. 선행 스님이 앞의 두 단어를 설명했다.

"전불심등과 부종수교란 단어 보이죠? '전불심등'은 부처님의 가르침을 널리 전한 분이란 의미고, '부종수교'란 종단(혹은 교단)을 지키고 가르침을 받들어 선양한 분이라는 의미에서 쓴 겁니다. 선지식의 업적을 높이 추앙하고 찬탄하는 의미로 비석에 흔히 쓰이는 구절입니다."

탑비 윗단에 부도가 있었다. 팔각원당형의 우리나라 부도의 전형(典型)을 기본으로 했고 하대석의 용 문양이 아주 독특했다. 여덟 마리의 용이 고개를 처들고 뛰처나 갈 기세다. 중대석에는 팔부신중이 조각되어 있고 팔각의 탑신에는 보살상이 부드럽게 조각되어 있다. 부도 주변에는 타원형으로 단을 만들고 석조원불을 모셨는데 옥외 삼천불전인 셈이다. 선행 스님이 감탄사를 연발하며 부도를 감상하는 회원들에게 청담 대종사에 대해 설명했다. 오늘의 답사를 위해 상당히 꼼꼼하게 준비해 온 것이 분명했다.

"청담 스님께서는 한국불교 현대화의 선구자이자 주역이라 평가 받으시는 분입니다. 불교정화운동과 종단의 현대화 기틀 마련은 물론이고 새로운 불교의 정신, 참회와 호국사상 등을 폭넓게 정착시킨 분이십니다. 당신의 수행도 매우 철저하게 하셨고 화를 내는 법이 없으셨다고 합니다. 그래서 별명이 '인욕보살'이었답니다. 누가 항아리에 독사를 넣어서 소포로 보냈는데 그때도 화를 내지 않으셨다는 일화가 있을 정도입니다. 청담 스님의 저서나 관련 서적이 있으니 구해서 읽어 보시면 큰스님의 정진력과 수행사상도 알게 되지만 한국불교의 현대화 과정도 짐작할 수 있을 겁니다."

일행은 청담 대종사의 부도와 탑비, 동상이 있는 곳도 하나의 근엄한 도량이라는 사실에 공감했다. 도선사의 신앙적 중심은 대웅전과 석불전이지만 청담 대종사의 정신이 이렇게 장엄하게 드러나 있기에 도선사는 불교의 현대화·생활화를 이끄는 큰 수레가 되고 있는 것이다.

"도선사를 한 바퀴 돌아보고 나니 어떠신가요?"

선행 스님의 질문에 일행들은 "많은 것을 배우고 느꼈어요"라며 박수를 쳤다. 계단 옆의 활짝 핀 불두화가 그 박수공양을 받고 있었다.

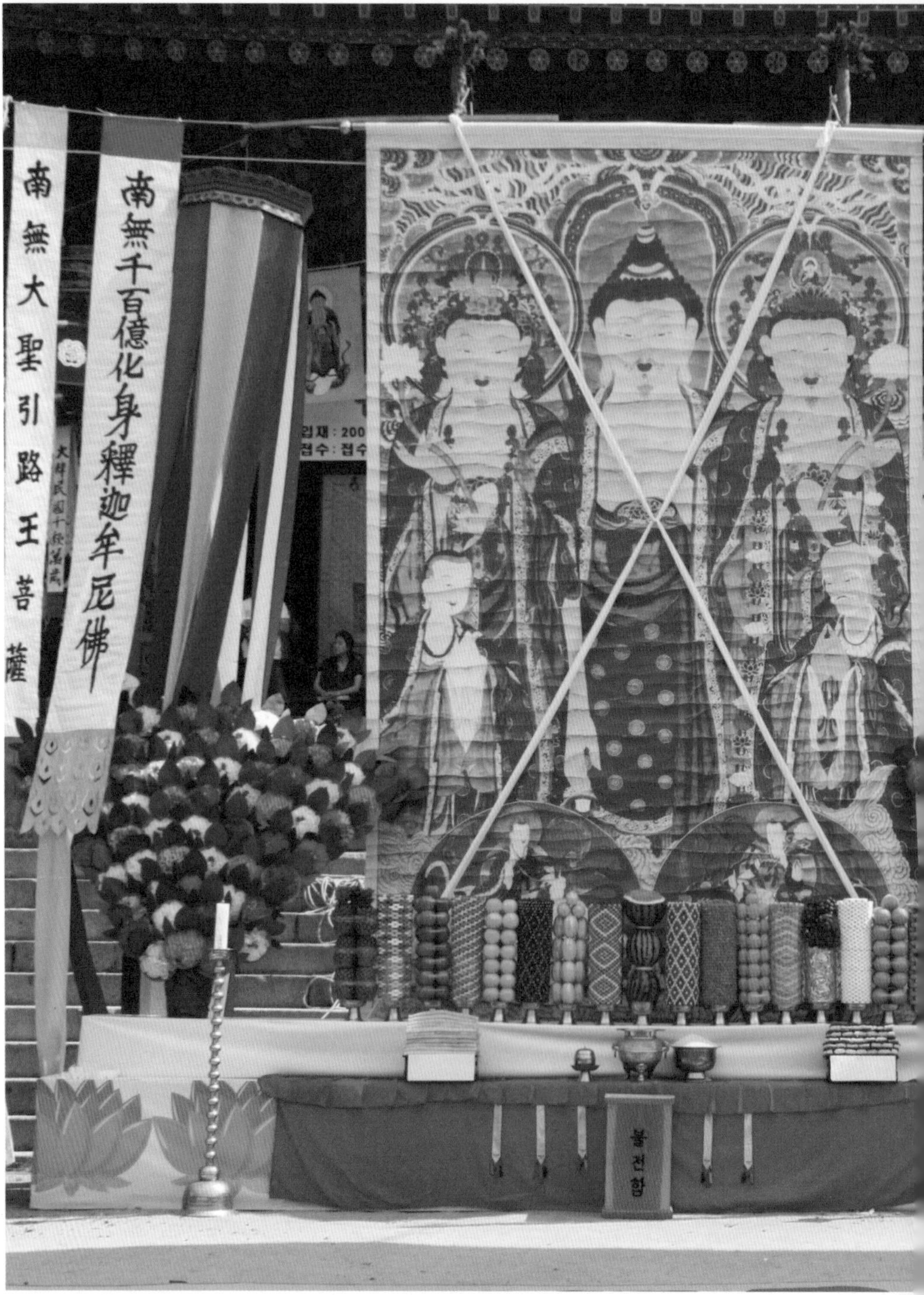
南無大聖引路王菩薩
南無千百億化身釋迦牟尼佛
불전함

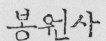

봉원사

삶과 죽음이 하나로 어우러져
나비춤을 추다

여기로 오세요.
과거 현재 미래에 변함없는 영산회상 불보살님
여기로 오세요.
살아 있는 모든 생명, 삶을 마친 모든 영혼
오셔서 공양 받으세요.
생사도 선악도 없는 청정한 도량
푸짐한 공양 올리는 지극한 도량
공양 올리는 마음과 받는 마음 하나 되는 도량
실컷 먹고 나누고 그래도 남는 넉넉한 도량
세상은 그렇게 행복의 도량을 이루고
삶은 한바탕 바라춤 나비춤이 됩니다.
그렇게 살겠습니다.
청정공양 올리는 마음으로
무진공양 받는 마음으로.

길에서 만나는 역사

현충일. 일요일에 겹쳐져 못내 아쉬웠다.

"두 배로 좋은 시간을 가지면 되지 않겠어?"

"좋은 계획이라도?"

"물론, 봉원사에 영산재 보러 가는 거야."

"그럼 그렇지."

가끔 사진에서만 봤던 영산재. 지혜장은 한번쯤은 꼭 봐야 할 불교전통의식이라고 생각하고 있었다. 더구나 일 년에 딱 한 번, 현충일에만 시연을 한다니 이번 기회를 놓치고 싶지 않았다.

부부는 지하철 신촌역에서 내려 봉원사(奉元寺)까지 걸었다. 영산재는 오전 10시부터 시작되지만 9시까지 도착하기로 했다. 여러 전각들을 참배하고 관람하기 좋은 자리도 찜해야 하기 때문.

공휴일 아침 서울의 거리는 다소 어색한 분위기로 다가온다. 차량이 거의 없는 도로, 맑은 햇살, 담장 너머로 고개를 내밀고 빨간 입술을 달싹거리는 넝쿨장미 등의 풍경이 서늘한 바람 한줄기에 씻겨지고 있었다. 부부는 육교에 걸린 현수막을 눈으로 읽었다.

'유네스코 세계유형문화유산, 중요무형문화재 제50호 영산재보존회 제22회 영산재'

오르막길을 따라 봉원사 가는 길은 좀 빡센 경사길이었다. 양쪽으로 어깨를 맞대고 붙은 주택들은 치열한 서울 생활을 말해주는 듯했다. 그러나 이내 주택들의 도열이 끝나고 주차장과 버스종점, 숯불가마 등이 나왔다. 푸른 숲에서 시원한 바람이 불었다.

"어째 분위기가 살벌해."

오른쪽 숲에 보초처럼 세워진 공고판을 본 나팔수 씨의 말이다. 공고판에는 '이 토지는 조계종과 법정계류 중'이므로 '문광부장관과 봉원사 주지의 승인 없이는 매매가 불가능하다'는 내용이었다.

조계종과 태고종은 봉원사와 전남 순천 선암사의 토지 문제로 오랫동안 법정 분쟁을 겪고 있다. 그런 가운데 일부 약삭빠른 사람들이 토지 매매 브로커들과 작전을 짜서 사기행각을 벌인 사례가 있어 그런 안내판이 세워진 것이다.

"우리하곤 상관없는 얘기니까 안 본 걸로 하자."

오른쪽으로 부도밭이 있고 길 양쪽에는 얇은 종이로 만든 오색 종이들이 바람에 펄럭이고 있었다. 초등학교 운동회 분위기가 생각났지만 그것과는 사뭇 다른 엄숙함이 있다. 길 중간에 '금잡인(禁雜人)'이라는 글씨가 커다랗게 쓰인 종이가 걸려 있었다.

"잡상인 출입금지라고 써 놓았네?"

"잡상인? 그게 아니라 잡귀신과 몸과 맘이 청정하지 못한 사람은 들어오지 말라는 것이지. 여보님, 어디 찔리는 데라도 있으신가요?"

부도와 비의 크기가 일정하지 않아 눈이 어지러운 감이 있었지만 부도밭은 잘 정비되어 있었다. 수행으로 한 생을 보낸 선지식들이 하나의 탑이 되어 절 입구를 지키고 있는 곳이 부도밭이다. 거기에는 찾아오는 중생들의 고단한 마음을 어루만지는 '할배'들의 손길과 눈길이 있다.

부도밭 위의 공터에는 사방으로 줄이 쳐졌고 불보살 그림과 경전 구절들이 쓰인 오색의 종이가 펄럭이고 있었다. 뭔가 장엄한 분위기가 느껴졌다.

"바로 절이 아니고 다시 마을이네."

"여긴 태고종 사찰이라고 했지? 태고종의 스님들은 대부분 가정을 이루고 있어. 그래서 저 위에 절이 있고 여기 아래는 스님들이 거주하는 집들이야. 그러니까 이 구역은 마을이기도 하고 절이기도 하지."

"확실히 특별한 절이네. 올라오면서 벌써 몇 가지를 공부한 거야?"

전통문화 지키며
미래 열어가는 도량

대웅전 앞마당에는 영단이 마련되어 있었다. 널찍하게 돗자리가 깔려 있고 허공에는 오색의 종이 번(幡)들이 걸려 있었다. 부부는 안내책자를 구해 들고 대웅전에 들어갔다. 벌써 많은 사람들이 앉아 있었다. 석가모니 부처님과 십일면관세음보살님 그리고 지장보살님을 모신 상단과 그 위를 장엄한 닫집이 매우 화려하고 웅장했다. 섬

매년 여름 연꽃이 만발하는 봉원사는 연꽃축제를 개최한다.

세한 조각으로 장식된 천장과 공포를 배경으로 단청과 불화들이 발산하는 화려하고 맑은 기운이 느껴졌다. 부부는 상단과 신중단 그리고 영단에 삼배를 하고 앉아 안내 책자의 연혁을 읽었다.

봉원사 연혁

신라 제51대 진성여왕 3년(889) 도선 국사가 현 연세대 터에 창건하고 반야사(般若寺)라 하였다. 조선 제21대 영조 24년(1748) 찬즙(贊汁) 증암(增岩) 두 스님에 의해 지금의 터전으로 이전하였고, 영조는 친필로 봉원사(奉元寺)라 현액하였으며, 신도들 사이에는 이때부터 새로 지은 절이라 하여 '새 절'이라 부르게 되었다. 조선 제26대 고종 21년(1884) 발생한 갑신정변의 주축을 이룬 김옥균 박영효 서광범 등 개화파 인사의 정신적 지도자였던 이동인(李東仁) 스님이 5년간 주석하였던 갑신정변의 요람지이기도 했다. 1911년 주지 보담(寶潭) 스님의 중수와 사지(寺地)의 확보로 가람의 면모를 새롭게 하였다. 1945년 주지 기월(起月) 스님, 화주 운파(雲波) 스님과 대중의 원력으로 광복기념관을 건립하였다. 1950년 9월 28일 서울수복 당시 병화로 광복기념관이 소진되었고, 이때 영조의 친필 현판 등 사보(寺寶)와 이동인 스님과 개화파 인사들의 유물이 함께 소실되었다. 1966년 주지 영월(映月) 스님, 화주 운파(雲波) 스님과 대중의 원력으로 소실된 염불당을 중건하였는데 이 건물은 대원군의 별처였던 공덕동 아소정(我笑亭)을 옮긴 것이다.

현재 봉원사는 한국불교의 전통종단인 태고종의 총본산으로서 전법수행의 맥을 이어가고 있다. 교육기관으로는 옥천범음대학이 있고 신행단체로는 관음회, 화엄법회, 청년회, 학생회, 어린이인경회 등이 개최되고 있다. 대외적으로도 교도소 소년원 양로원 고아원 군부대 등을 정기적으로 방문하여 교화활동을 펼치고 있다.

"여보님, 왼쪽에 걸린 탱화는 가까이 가서 보면 재미있어요."

"탱화가 재밌다고?"

"감로탱화라고도 하고 지옥도라고도 하는데, 일단 한번 보고 올까?"

부부는 왼쪽의 감로탱화 앞에 섰다. 큰 그림이었다. 맨 위에는 일곱 분의 부처님이 서 있고 그 옆에는 보살과 신중들이 뭔가를 의논하는 모습이었다. 그림의 중간과 하단으로는 여러 장면들이 묘사되어 있는데 각각 별도의 상황이 화면을 가득 채웠다. 천막을 치고 커다란 북을 갖다놓고 재를 지내기도 하고 상주들이 우는 가운데 장례가 치러지는 곳도 있다. 소를 몰아 밭을 갈며 농사를 짓는 풍경도 있고 물동이를 이고 가는 여인과 강아지를 따라가는 꼬마도 있다. 말을 탄 군졸이 있는가 하면 기생들과 술동이 짊어진 하인을 거느리고 놀러가는 양반도 있다. 주막에 앉아 탁주로 목을 축이는 나그네, 장기 두는 남정네들과 춤추는 기생, 줄 타는 광대와 구경꾼, 산을 기어오르는 호랑이와 지옥에서 고통을 호소하는 귀신들도 보인다. 무엇보다 중간에 크게 그려진 두 근육질의 역사(力士)는 머리카락이 위로 솟구쳐 있어 무척 열 받았다는 것을 암시하고 벌린 입에서는 날카로운 드라큘라 이빨이 보였다.

"뭔 그림이 이렇게 살 떨리게 한다냐?"

감로탱화는『우란분경』이란 경전에 나오는 지옥을 묘사한 불화다. 그림 속에는 사람이 살아가는 모든 내용이 다 들어 있고 지옥의 살벌한 모습도 있다. 그 장면들이 다 중생의 육도윤회를 말하고 있는 셈. 우리도 언젠가 이 그림 속의 장면들을 거치고 있는 것이다. 아래에서 위로 올라갈수록 부처님의 세상, 극락이다. 하단은 윤회하는 중생계를 그렸다. 그 위 중단은 재를 베풀고 법회를 하는 등 불사와 불공의 장면. 맨 위 상단은 일곱 여래와 오른쪽에 아미타 부처님과 관세음보살과 대세지보살이 등장하는 아미타 삼존도, 왼쪽에 선업을 지은 중생을 극락으로 인도하는 지장보살과 인로왕보살이 그려져 있다.

지혜장은 감로탱화 옆의 그림도 가리켰다.

"저 옆에 있는 그림 좀 봐. 극락의 여러 모습을 아홉 칸으로 나눠 그린 거야. 구품도라고 하지. 그러니까 저 높은 곳을 향하여 잘살아야 하지 않겠어?"

대웅전 안의 탱화들은 모두 만봉(萬奉 · 1910~2006) 스님의 작품으로 갑술년(1994)과 을해년(1995)에 모셨다. 만봉 스님은 6살 때 입산하여 김예운(金藝雲) 화상에게 단청과 불화를 배워 10년 만에 금어 자격을 취득했다.

불화에도 계보가 있다. 경산화원(京山畵員)과 영남화원, 호남화원으로 분류된다. 만봉 스님은 서울을 중심으로 하고 섬세하고 오밀조밀한 선을 구사하는 것이 특징인 경산화원의 맥을 이었다. 무엇보다 만봉 스님은 불화를 배우면서 불화의 밑그림인 '초(草)'를 수만 장 그린 것으로 유명하다.

만봉 스님을 빼고는 근현대 봉원사의 인물과 한국의 단청 불화를 말할 수 없다. 1972년에 중요무형문화재 제48호 단청장에 지정됐고 한국현대불화를 대표하는 거

장이다. 평생 수천 점의 불화를 남겼고 제자들도 많다. 스님의 유작들은 대부분 전국
의 사찰에 모셔져 예경을 받고 있다. 유작 200점 이상을 상설 전시하는 만봉불화박
물관이 강원도 영월 만경사에 건립되고 있다.

부부는 대웅전을 나와 돌계단을 올랐다. 고색창연한 단청의 칠성각에 들어갔다.
중앙에 약사여래불이 모셔져 있어 의외였다. 앞면 포벽의 그림은 연꽃 위에 찬란한 빛
을 발산하는 태양이 앉아 있는 모습이어서 인상적이다. 칠성각 옆에 '한글학회 창립
한 곳'이라는 안내문이 새겨진 비가 있었다.

"봉원사는 불교의 전통문화를 지키는 대표적인 사찰이면서 상당히 진취적인 면모
를 보인 곳이기도 하네. 개화사상을 꽃피웠고 한글학회를 태동시킨 곳이라니 말이야."

부부는 명부전과 미륵전, 극락전, 만월전을 거쳐 삼천불전을 참배했다. 커다란 비

로자나 부처님이 중앙에 모셔진 삼천불전에서는 또 하나의 커다란 감로탱화를 만날 수 있었다. 운수각과 영안각 그리고 그 옆의 작은 건물은 문이 닫혀 있었다. '큰방'이라고도 하고 염불당이라고도 하는 건물에서는 영산재에 쓰일 각종 음식들을 담아내느라 분주했다. 중간에 '봉원사'라는 현판이 걸려 있고 안쪽 마루에 '무량수각(無量壽閣)' '청련시경(靑蓮詩境)' '산호벽수(珊瑚碧樹)'라는 현판이 걸려 있다. 무량수각은 추사 김정희의 스승인 청나라 옹방강(翁方綱)의 글씨이고 나머지 두 개는 추사의 글씨다. 이 건물이 대원군의 별장인 아소정을 옮겨다 지은 것이기 때문에 현판도 함께 따라온 것이다.

"대원군이 추사의 제자라서 추사의 글씨가 현판으로 걸린 거겠지?"

염불당 아래 종각과 야외에 조성된 16나한상을 다 참배했다. 16나한들의 이름이 일일이 적혀 있었다. 이제 곧 영산재가 시작된다는 안내방송이 두 차례 나왔다. 10시가 됐다.

생사를 하나로 묶는 장엄한 의식 영산재

'영산재란 석가모니 부처님께서 영취산에서 『법화경』을 설하시는 도량을 시공을 초월하여 본 도량으로 오롯이 옮기고 영산회상의 제불보살님께 공양을 올리는 의식이다. 그리하여 살아 있는 사람과 죽은 사람이 다 함께 진리를 깨달아 이고득락(離苦得樂)의 경지에 이르게 하는 의의가 있다. 그러므로 영산재는 공연이 아닌 장엄한 불교의식임을 인식해야 한다. 즉, 삶과 죽음으로 갈라진 우리 모두가 불법(佛法) 가운데 하나가 되어 다시 만날 것을 기원하며 부처님 전에 행하는 최대 최고의 장엄한 불교의식이다.'

안내책자가 소개하는 영산재의 의미는 '불보살님에 대한 공양과 그 공덕으로 인한 산 사람과 죽은 사람의 이고득락을 위한 의식'이라는 것이다. 영산재가 펼쳐지는 도량에는 불보살이 다 강림하고 죽은 사람의 혼들도 동참한다. 재의 순서도 불보살님과 신중을 모셔오고 영가를 모셔오는 것으로 시작해 공양을 올려 대접해 드리고 다시 보내 드리는 것으로 마무리된다.

"봉원사의 영산재 시연은 단오절에 맞춰 봉행됐으나 2007년부터는 현충일에 시연하기 시작했대."

"그럼 우리나라에서 시작된 것은 언제부터일까?"

"확실한 것은 알 수 없는데 『삼국유사』나 하동 쌍계사 진감국사비 등에 범패에 대한 언급이 있다니까 이미 신라시대부터 영산재 의식이 있었던 것 같아. 지금과는 다소 다른 형태였겠지만."

"저기 영단 위쪽에 천안함 46용사와 한주호 준위, 천안함 구조작업에 동참했다 침몰한 금양호 선원들의 위패를 모셨네. 참 잘한 일이다. 그치?"

부부가 대화를 나누는 사이에 종소리가 울려 퍼지고 영산재가 시작됐다. 벌써 수백 명의 사람들이 절을 메우고 있었고 사진작가로 보이는 사람들도 많았다. 영단 앞

시련의식에서 행해지는 바라춤(위)과 식당작법(아래).

에 놓여 있던 여러 개의 기와 번이 화려하게 장식된 두 개의 연(輦)을 따라 절 문을 향해 내려갔다. 불보살님과 신중님들을 모셔오는 시련(侍輦)이었다. 목탁 소리와 취타대의 나각과 태평소 소리가 요란한 가운데 '나무대성인로왕보살' 번을 앞세운 행렬이 천천히 부도밭 위의 공터까지 내려갔다.

아름다운 가마에 불보살님과 신중님들을 모시고 오는 것. 지혜장은 그 발상이 참으로 인간적이라고 생각했다. 불보살님과 신장들에게 탈것이 무슨 소용이 있겠는가? 그러나 인간의 입장에서 가장 극진한 예우를 하고 귀하게 모시는 것을 가마에 태우는 것으로 상징한 것이다. 여러 개의 번과 기에 적힌 불보살의 명호와 신중들의 이름을 보는 사람들의 마음에는 이미 불보살님과 신중이 함께 하는 것일 터.

시련 의식이 행해지는 부도밭 위의 공터에서는 염불과 바라춤, 나비춤이 되풀이되면서 장엄한 재의 한바탕이 펼쳐졌다. 차분하고 우아한 동작에 고운 복식의 나비춤과 역동적인 동작의 바라춤이 끝날 때마다 박수가 터져 나왔다. 어느새 중천에 떠오른 해가 뜨거웠다.

다시 영단 앞으로 돌아온 행렬은 각자의 자리를 찾아갔다. 곧바로 영가를 모셔오는 의식, 대령(對靈)으로 이어졌다. 영단 앞은 너르게 돗자리가 깔려 나비춤이나 바라춤 등이 펼쳐지고 맞은편에 쳐진 천막 안에서는 여러 스님들이 서서 각종 소리공양을 했다.

영산재를 이해하기 위해 기본적으로 알아야 할 단어가 다섯 가지 있다. 안채비, 바깥채비, 홑소리, 짓소리, 화청이라는 단어다. 안채비는 순수한 불교의식으로 구성되는데 주로 법당에서 하는 의식이다. 매우 경건한 분위기 속에서 독경을 하거나 안채비 소리로 진행된다. 반면 바깥채비는 말 그대로 법당 밖에 괘불을 걸어 놓고 진행되면서 음악을 연주하고 바라춤이나 나비춤을 추기도 하고 종이꽃[紙花]이나 깃발 등으로 장엄을 한다. 민속적인 개념이 도입된 것이다. 흩소리는 대개 혼자 부르는 것으로 우아하고 자비스러운 음색으로 한문 게송을 주로 부른다. 반면 짓소리는 '짓는 소리'라고 하여 여럿이 합창으로 하고 거기에 취타대의 음악이 곁들여져 장중한 맛을 내는 게 특징. 한 음을 1분 이상 길게 뽑아 끄는 경우도 있는데 깊은 산골을 메아리치는 범종소리 같다고 표현할 정도다.

화청은 음으로 불보살님을 고루 청하여 죽은 사람의 극락왕생을 빌고 산 사람의 수명장수와 복을 빈다는 뜻인데, 주로 권선징악의 의미를 담은 긴 가사를 노래로 부르는 것. 국악인 안비취 김영임 명창 등이 자주 불러서 널리 알려진 '회심곡(回心曲)'이 여기 해당한다.

"사회자라도 있어서 중간중간 설명해 주면 좋을 텐데……."

종이 모자를 쓰고 염불당 앞 땡볕에 앉은 부부는 진행되는 각각의 절차들이 신기했지만 자세히 알 수는 없었다. 그래서 남편이 털어놓는 불만에 지혜장도 공감했다.

"그렇게 하면 관람자 입장에서는 좋겠지만 시연하는 스님들 입장에서는 시간이 너무 많이 걸리고 의식의 흐름도 끊어지니까 할 수 없는 것이 아닐까? 우리야 처음 보는 것이니 어느 정도 설명을 들어도 잘 알아먹지도 못할지 몰라. 현재 영산재보존회 회장이자 봉원사 주지이신 일운 스님은 어느 매체와의 인터뷰에서 봉원사에 영산재 상설공연장을 설립하는 원력을 갖고 계신다고 하더군. 잘됐으면 좋겠어. 이렇게 좋은 행사에 동참하여 대강의 의미 파악이라도 한다는 데 의의를 갖자고요."

안내책자를 보면서 각각의 순서를 헤아리고 있었지만 재의 흐름을 정확하게 이해하면서 따라갈 수는 없었다. 그러나 중간중간 바라춤과 나비춤이 시연될 때는 언제나 즐거웠다. 몸짓으로 올리는 공양의 아름다움이 목청으로 올리는 공양에 비해 눈길을 끌고 흥미를 돋우는 것은 당연한 것.

오늘날 영산재의 발전에는 송암 스님의 일생이 밑받침됐다. 송암 스님은 1915년 봉원사에서 태어나 봉원사에서 입적(2000년)했다. 봉원사가 개화파의 산실이라고 했는데 송암 스님은 바로 개화파의 거두 박영효의 친손자다. 구한말 범패의 대가 동명(東明)과 만월(萬月) 스님의 뒤를 이은 월하(月河)와 벽해(碧海) 스님으로 이어지는 계보를 송암 스님이 이었는데 월하, 벽해 두 스님에게서 배웠다. 봉원사의 전통불교문화를 계승한 현대의 두 거봉은 누가 뭐래도 불화의 만봉 스님과 영산재의 송암 스님이다.

오전 순서의 마지막이고 영산재의 하이라이트인 '식당작법'. 일체 생명에게 공양을 베풀어 그 공덕을 나누는 의식이다. 여러 스님들이 사각형으로 둘러앉고 각종 음식이 들어왔다. 그리고 신명나는 법고무가 시연되고 운판 목어 종(징)을 치는 순서도 있었

법고무.

나비춤.

공양물.

염불당 중간에 '봉원사'라는 현판이 걸려 있고 안쪽 마루에 '무량수각(無量壽閣)' '청련시경(靑蓮詩境)' '산호벽수(珊瑚碧樹)'라는 현판이 걸려 있다. 무량수각은 추사 김정희의 스승인 청나라 옹방강(翁方綱)의 글씨이고 나머지 두 개는 추사의 글씨다.

다. 음식을 담은 큰 그릇이 둘러앉은 대중에게 전달되기 전에 여러 절차의 의식이 진행됐고 공양을 하고 난 뒤에도 마찬가지였다. 먹는 것이 중요한 것이 아니라 공양을 통한 공덕 짓기와 나누기가 중심이기 때문이다.

부부는 스님들이 공양을 하는 동안 절에서 마련한 점심을 먹었다. 절밥이라야 비빔밥 한 그릇이지만, 부부는 좋은 도량에서 좋은 행사를 관람한다는 것이 행복했기에 점심도 맛있게 먹었다.

"이 밥 한 그릇도 엄청난 사람들의 수고가 담겨 있고 무량한 공덕이 있다는 걸 아시는지요?"

"글쎄, 오늘 영산재를 보면서 공덕과 공양의 의미는 좀 알 것 같네."

"와, 여보님. 그만하면 성공이지."

"그렇지만 이렇게 재를 지내고 공양을 올리면 영가와 산사람에게 다 좋다는 게 팍 와 닿진 않아. 아무래도 영가들을 위한 의식인 것 같아."

옆 식탁에서 부부의 대화를 듣던 스님이 부부에게 『지장보살본원경』의 '이익존망품'에 나오는 내용을 이야기해 주었다. 영가를 위해 살아 있는 권속이 공양을 올리면 그 공덕의 7푼 가운데 1푼이 영가에 돌아가고 나머지 6푼은 살아 공양 올리는 권속에게 쌓인다는 것이었다. 그러므로 천도재는 한 번 지내고 끝나는 것이 아니라 꾸준히 지냄으로써 산 자와 죽은 자의 공덕과 복락을 함께 지어가는 것이라고.

"많이 남는 장사로군……."

부부는 오후 순서들도 관람했다. 동희 스님의 회심곡을 들을 때는 가슴이 울먹거리기도 하고 뭔가 맺혔던 것이 뻥 터지는 듯도 했다. 서쪽으로 해가 기울어 후광처럼 빛을 등진 삼천불전 지붕이 찬란했다. 뜨거운 햇살을 받으며 절 마당에 종일 있기란 쉬운 일이 아니었지만 일생에 한 번 보기 어려운 영산재를 직접 본 것이 뿌듯하기도 했다. 그러나 나팔수 씨는 '한 번으로 땡이지 두 번 볼 일은 없을 것'이라고 생각했다.

"여보님, 내년에도 올까?"

"……"

대각사

민족의 혼에 불을 놓고
부처의 뿌리 심으니

등불을 들고 서겠습니다.
진리를 가리는 두터운 어둠 앞에
등불을 들고 서겠습니다.
내 작은 등불 진실하여 둘이 되고 넷이 되리니
두려움과 외로움 이겨내고 등불을 켜겠습니다.
파순의 온갖 유혹과 협박 이겨낸 부처님처럼
진리를 향한 숭고한 결심 흩뜨리지 않겠습니다.
스스로 밝게 타는 등불에 스스로 기름을 붓고
크게 깨우쳐 크게 전하겠습니다.
진리는 본래 진리였음을
일체 중생이 원래 부처였음을
누구도 부정할 수 없고 빼앗아 갈 수 없는 것임을
크게 깨우쳐 크게 외치겠습니다.
대각의 원행(願行)으로 어둠을 벗어나겠습니다.

국악의 거리에서 음악을 생각하다

지하철 3호선 종로3가역 7번 출구. 지혜장 부부는 지하철에서 올라와 거리를 둘러
보았다. 종로통이라는 선입관에 맞지 않게 옛날 냄새가 풍겼다. 탁주 맛을 연상시키는
음식점과 보석상회 그리고 국악기점과 한복점이 즐비했다. 세련되고 젊은 풍경의 종로
통에서 한 블록 벗어났을 뿐인데 20년쯤 세대 차이가 나는 느낌이었다. 물상에 대한
이미지란 개별적일 때보다 총체적으로 다가올 때 훨씬 강한 메타포를 낳는 법이다.

돈화문로(敦化門路). 창덕궁에서 종로3가로 이어지는 이 길이 '국악의 거리'라는 이
름을 얻은 것은 1994년이다. 국악의 해를 기념해 국악인들을 중심으로 이 거리를 '국
악의 거리'로 명명했던 것이다. 제2의 인사동으로 개발할 것이라는 서울시와 종로구
의 발표도 나와 있다. 그러나 아직 길은 과거의 냄새를 더 많이 드러내고 있다.

이 거리는 일제강점기부터 국악의 중심지였다. 근처에 종묘가 있기 때문인지 현 국
립국악원의 모태인 이왕직아악부(李王職雅樂部)가 1920년대부터 광복 때까지 이곳에
있었다. 판소리 명인들이 1933년에 창립한 조선성악연구회(朝鮮聲樂研究會)도 이곳에
있었다. 지금도 여러 명인명창들의 연구 및 전수소가 이 거리 구석구석에 별처럼 박혀
있다.

종묘 등 국가 차원의 제례에서는 음악(제례악)을 연주한다. 이왕직아악부는 그 이름에서 풍기는 대로 조선왕조의 제례악을 위한 연주단이다. 조선 왕조가 잘나가던 때는 제례악과 연례악을 관장하던 장악원(掌樂院)이었다. 700~1000여 명이 소속되어 기악과 춤 공연, 악기 제작은 물론 음악의 연구와 정책을 펴던 장악원 자리는 지금의 을지로 2가 외환은행 앞인데 작은 표지석이 세워져 있다. 장악원은 조선말기 국운이 약해지면서 수차례 이름을 바꾸고 인원과 역할이 줄어들다가 일제강점기인 1920년대에 이곳 운니동으로 옮기고 겨우 명맥을 이을 수 있었다.

음악이란 한 시대의 정서와 풍속을 가장 예민하게 드러낸다. 공자나 맹자를 비롯한 중국의 고대 철학자들은 인성 수양의 기본 과목으로 음악을 꼽았고 국가 경영의 중요한 통로로 여겼다. 음악을 알고 음악을 다스리는 것이 곧 자신의 마음을 알고 다스리는 것이고 사회의 흐름을 이해하고 다스리는 길이라 여겼다. 음(音)은 곧 마음이라고 본 것이다. 그래서 중국의 고전 논어(論語) 맹자(孟子) 대학(大學) 중용(中庸)에 시경(詩經) 서경(書經) 역경(易經)을 합쳐 '4서3경'이라 부르지만 예기(禮記) 춘추(春秋) 악기(樂記)를 더해 '4서6경'이라고도 한다. 조선 중기에 편찬된 음악의 이론과 제도 및 법식을 망라한 악서(樂書) 『악학궤범(樂學軌範)』의 서문은 다음과 같이 시작된다.

악(樂)이란 하늘에서 나와 사람에게 붙인 것이요, 허(虛)에서 발(發)하여 자연(自然)에서 이루어지는 것이니 사람의 마음으로 하여금 느끼게 하여 혈맥(血脈)을 뛰게 하고 정신(精神)을 유통(流通)케 하는 것이다. 느낀 바가 같지 않음에 따라 소리도 같지 않게 되니 기쁜 마음을 느끼면 그 소리가 날아 흩어지고, 노(怒)한 마음을 느끼면 그 소리가 거세고, 슬픈 마음은 그 소리가 애처롭고, 즐거운 마음은 그 소리가 느긋하게 되는 것이니, 그 같지 않은 소리를 합해서 하나로 만드는 것은 임금의 인도(引導) 여하에 달렸다. 인도(引導)함에는 정(正)과 사(邪)의 다름이 있으니 풍속(風俗)의 성쇠(盛衰) 또한 여기에 달렸다. 이것이 악(樂)의 도(道)가 백성(百姓)을 다스리는 데 크게 관계되는 이유이다.

음악은 인류의 지표이기도 하고 통치의 근간이기도 한 것이다. 악(樂)의 도(道)로 백성(百姓)을 다스린다고 하지 않는가?

"음악이란 개인의 감흥에 머무는 것이 아니라 시대의 정신이고 문화여서 그 자체로 중요한 역사적 유산이 되는 거지. 우리나라는 현대 교육과정에서 전통음악을 지나치게 홀대한 것 같아."

"그건 그래. 이름만 봐도 잘못된 거야. 서양음악을 그냥 음악이라 하고 우리 전통음악을 굳이 국악이라고 하는 것부터 말이야. 우리 음악을 그냥 음악이라 하고 서양음악을 '양악'이라 했어야지. 그래서 명창(名唱) 박동진 할배가 제비 몰러 나가시다가 한마디 하셨지. '우리 것이 좋은 것이여~'라고 말이야."

"호호호. 여보님. 판소리나 민요 같은 거 한번 배워 보심이 어떨까?"

"나야 원래 한량기질이 있지. 먹고살기 힘들어 발산하지 못한 끼를 터뜨려 놓고 마눌님이 감당하실 수 있을지 몰라도."

"아, 저기 오신다. KS선생님, 안녕하세요?"

나팔수 씨는 처음 보는 KS선생님. 분명 50대 초반이라고 들었는데 조만간 회갑잔치를 해야 할 것 같아 보였다. 훤하게 벗겨진 머리와 검은 뿔테 안경 때문일 것이다. 거기에 마른 몸매와 핏기 없는 얼굴까지. 근현대불교사를 연구하는 근엄한 학자를 앞에 두고 나팔수 씨는 순간적으로 '이 인간이 꼭 이 길을 닮았다'는 생각을 했다. 그는 이름보다 별명으로 통하는 KS선생님이란 호칭이 더 좋다고 했다. "나는 누가 뭐래도 KS입니다. 한국 표준규격 말입니다"라면서. 그러나 서울의 명문 고등학교와 대한민국 최고의 대학교를 나온 이력을 KS라는 이니셜에 발라 놓고 있다는 것을 아는 사람은 다 안다.

"이 거리, 참 묘한 매력이 있지요?"

창덕궁 방향으로 걸음을 옮기며 KS선생님이 말했다.

"글쎄요. 과거와 현재가 공존하는 것이 한눈에 보인다고 할까요?"

지혜장의 대답에 KS선생님이 고개를 끄덕였다.

"몇 년 지나면 이 길도 포장된 과거에 기름칠된 현재만 존재할지 몰라요. 저쪽 인사동길이 전통이라는 알맹이를 잃어버린 것처럼 말입니다. 그래도 이 길은 종묘에 연접해 있고 저렇게 돈화문이 보인다는 이점에 국악이라는 문화 코드를 살리면 한결 나을 겁니다. 이 길에는 국악 말고도 민족의식을 고취시킬 수 있는 중요한 코드가 있거든요."

KS선생님이 코드란 말을 쓰는 바람에 나팔수 씨는 노무현 전 대통령을 생각했다. 그의 정권 초반기를 코드정치라고 했던 아물아물한 기억이 살아난 것이다.

"그게 뭔가요?"

"바로 대각사(大覺寺)입니다. 우리가 지금 가는 절 말이에요."

3 · 1운동 성지
대각사와 용성 스님의 생애

대각사는 국악의 거리 중간에 있었다. 모르는 사람은 그냥 지나치기 십상일 것 같은 좁은 골목 안쪽에 높다란 팔각의 종루가 보였다. 앞을 콱 막고 있는 주차장을 왼쪽으로 돌아가니 화려한 일주문이 있었다. 문의 중앙에는 '대각사'란 현판이 걸렸고 들어가는 방향에서 오른쪽 기둥에는 '대각사불교대학'이란 현판이, 왼쪽에는 '대한불교조계종 대각회총본산대각사'란 현판이 세로로 걸려 있다.

오른쪽 기둥 옆에 작은 표지석이 세워져 있는데 '용성 스님 거주터. 3 · 1운동 민족대표 33인 중의 한 분으로 불교혁신운동을 벌인 백용성(白龍城 · 1864~1940) 스님이 활동하던 곳'이라고 쓰여 있다. 1999년 11월에 서울시가 세운 표지석이다.

문의 왼쪽에 세워져 있는 안내판은 절의 창건과 창건주 용성 스님에 대한 내용을 자세히 설명해 주고 있었다. 부부는 눈으로 안내판을 읽었다.

3 · 1운동 성지(聖地) 대각사

대각사는 민족해방운동을 위하여 용성(龍城) 스님이 세운 절이다. 용성 스님은 48세인 1911년부터 1940년까지 빼앗긴 조선독립을 위하여 온몸을 던졌다 할

용성 스님이 독립운동을 하며 민족의식을 고취시켰던 대각사 경내 풍경.

수 있다. 그리고 열반하실 때까지 민중의 깨우침을 위하여 갖은 노력을 다하였
다. 일제치하에서 조선독립을 목적으로 전체를 다 던지고 거기에 전념하였다.
용성 스님은 조선독립과 민족해방을 위하여 매진할 것을 스스로 다짐하고 서
울 사동에서 선불교교화사업을 맡아 일하면서 봉익동 1번지를 사들여 독립운
동의 성지 대각사를 세우고 백범 김구 선생을 만나게 된다. 1912년 이때 김구
선생의 나이는 33세, 용성 스님은 49세이다. 1919년 김구 선생은 해주에서 대
한독립운동을 하다가 투옥되어 인천감옥으로 이관되고 거기서 탈옥한다. 그리

고 대신 부모가 투옥되고 백범은 삼남으로 도피, 그해 늦가을 마곡사(麻谷寺)에서 스님이 되고 원종(圓宗)이란 법명을 얻고 3년을 거기서 수행하였다. 금강산, 평양 대보산, 영천암 등에 기거하면서 독립운동을 하다가 다시 환속하게 된다. 그 후 원종 김구 선생은 서울에 오면 언제든지 용성 스님이 있는 대각사에 머물며 용성 스님의 영향을 받아 우리 민족을 살릴 대원(大願)을 세우고 보현행원을 실천할 행자가 되기를 스스로 다짐하였다. 후에 김구 선생은 상해로 망명하게 되었고 용성 스님은 김구 선생에게 독립자금을 전달하곤 하였다.

용성 스님은 1916년 봄 만해(卍海) 스님을 불러서 세상 돌아가는 것을 자주 묻곤 하였다. 만해 선사는 서울에 있을 때 주로 대각사에 머물면서 용성 스님께 시국 돌아가는 말씀을 나누고 차후 거사를 계획하였다고 한다. 그때쯤 손병희 선생 등 많은 애국지사들은 조선독립을 위하여 여러 가지로 물밑에서 일하고 있었다. 나라에서는 영국 미국 러시아 등에 밀사를 보내 독립운동을 하고 또 미국에서는 이승만이 조선독립을 위하여 여러 가지로 일을 할 때였다.

용성 스님은 1919년 3월 1일에는 민족대표 33인 중 불교대표로 참여하였고, 이것을 문제 삼아 2년여간 서대문형무소에 투옥되어 갖은 옥고를 다 치렀다. 출소 후 용성 스님께서는 경전 번역과 전법, 그리고 은밀히 독립운동을 하였다. 그 가운데 경남 함양의 화과원(華果園) 운영, 만주 용정에 27만여 평의 농지를 구입하여 화과원을 운영, 잉여농산물은 독립자금과 만주독립군의 식량으로 썼다고 한다. 그런 일로 후일 1931년에는 대각사가 일본 조선총독부에 재산 몰수를 당하는 수모를 당하게 되었으나 일제의 조선 박해와 압제에 굴하지 않고 조선

해방운동을 하였다.

그러나 용성 스님은 끝내 조선 해방을 보지 못하고 1940년 음력 2월 24일에 대각사에서 열반하시었다. 다비식은 일본경찰의 철저한 방해와 수색 검열 등으로 제자 몇 분만이 조촐하게 치렀으며 스님의 사리탑은 경상남도 합천 해인사 용탑 선원 산록에 세워졌다. 이곳 대각사는 용성 조사님 전법과 열반의 땅이며 3·1 독립운동의 성지이다.

대한불교 조계종 대각회 총본산 대각사 주지 백.

"이렇게 긴 걸 다 읽으셨나요?"

KS선생님이 눈을 동그랗게 뜨며 물었다. 나팔수 씨가 대답했다.

"그럼요. 저희는 가는 절마다 일단 안내판을 먼저 읽어요."

"참 좋은 습관을 가지셨군요. 자, 이제 절 안으로 들어가 볼까요?"

대각사는 좁았다. 팔각의 종루와 3층 건물이 전부였고 안쪽에 사적비와 공덕비가 있었다.

"안내판에서 읽으신 것처럼, 이 절은 용성 스님께서 창건하셨습니다. 지금의 건물은 1986년에 중창된 것인데 1층은 선방(용성선원)과 사무실 등으로 쓰이고 2층은 요사입니다. 그리고 3층이 법당입니다. 대각사는 문화유적 답사 코스는 안 되겠지만 용성 스님의 생애와 사상을 이해하고 오늘날의 한국불교가 어디로 갈 것인가를 고민해 보게 되는 중요한 도량입니다."

부부도 그렇게 생각했다. 지혜장이 대각사에 오기로 한 것도 전각이나 탑을 보고

용성 스님의 수행 가풍을 잇는 용성선원.

배우는 것도 중요하지만 우리 근현대사에서 불교정신이 어떻게 계승되었는지, 어떤 큰스님들이 불교의 혈맥이 오늘로 이어지도록 징검다리 역할을 했는지 알고 싶었기 때문이었다. KS선생님께 그런 의견을 말했고 그는 흔쾌히 안내를 맡아 준 것이다.

"용성 스님에 대한 이야기를 먼저 할게요. 안내판에 생략된 일화들도 있고요."

3층 법당에 앉아서 KS선생님이 이야기를 이어갔다.

"용성 스님은 1864년 전북 남원에서 출생하셨는데 어릴 때 부처님으로부터 마정수기 받는 꿈을 꾸었답니다. 그래서 스스로 출가수행자가 되어야 할 것을 알았다고 합니다. 처음 출가한 곳이 남원의 덕밀암인데 가서 보니 그 절의 부처님이 꿈에 보았던 그 부처님이었다고 해요. 그런 것을 기연(奇緣)이라 하겠지요? 덕밀암에 출가했으나 부모님이 강제로 집으로 데리고 갔어요. 그 후 다시 해인사로 출가했고 의성 고운사 금강산 등에서 수행했습니다. 1932년 어느 날 스님은 대각사에서 대중과 함께 아침 공양을 하다가 왼쪽 어금니에서 딱딱한 것이 나왔습니다. 오색영롱한 치아사리였는데 스님은 그냥 밖으로 던져 버렸습니다. 그날 저녁에 소방서에서 불이 났다고 달려왔대요. 절에는 아무 이상이 없는데 말입니다. 스님들이 나가 보니 수채에서 환한 불빛이 솟아올라 주위가 불난 것처럼 밝았습니다. 아침에 용성 스님이 버린 치아사리가 방광을 한 겁니다. 그 뒤에도 두어 차례 더 방광의 이적을 보였는데 그 사리는 해인사 용탑선원에 탑을 세우고 봉안했습니다.

용성 스님의 생애와 사상은 수행자로서의 정진, 독립운동 참여, 『각해일륜』 등 저술과 역경사업 전개, 미타회와 만일선회, 대각교 운동 등을 통한 사회교화 활동, 화과원 운영을 통한 선농일치 추구 등으로 나눌 수 있습니다. 그리고 입적하시면서 남긴 열 가지 유훈도 중요합니다."

"수행자로서의 철저한 삶보다는 독립운동을 한 민족의 선구자란 측면에서 더 많이 알려지신 것 같아요."

"물론 그런 측면이 중요하기도 합니다. 그러나 수행의 깊이가 뒷받침되지 않았다면 그렇게 어려운 시절에 그렇게 많은 일을 할 수 없었을 겁니다. 용성 스님은 출가한 다음 해에 경북 의성 고운사에서 수월(水月) 스님으로부터 천수다라니를 지극하게 외우라는 가르침을 받고 9개월 동안 10만 독(讀)을 했답니다. 제 생각으로는 그때 과거의 업장을 소멸하고 지혜광명의 기틀을 다지신 게 아닌가 싶어요."

KS선생님의 이야기를 듣던 나팔수 씨가 말했다.

오동나무가 자라는 기와.

사적비 이수.

"독립운동과 역경사업 등 스님의 행적은 책을 통해 자세히 알아볼 필요가 있을 것 같습니다. 스님의 행적을 읽으면 조선말에서 근현대로 넘어오는 불교의 역사도 알게 될 것 같아요. 관련된 책이 있겠지요?"

"물론입니다. 제가 다 설명할 수 없으니 책을 읽으시기 바랍니다. 책은 제가 나중에 챙겨 드리지요. 대신 용성 스님의 일화 하나를 얘기하죠."

나팔수 씨는 속으로 놀랐다. 어쩌면 KS선생님의 설명이 무한정 길어질 것 같아 '책으로 봐도 된다'는 의중을 비친 것인데 그걸 눈치채다니⋯⋯. 역시, 공부 잘하는 인간들은 뭔가 다르다니까.

"용성 스님께서 40대 중반에 중국을 방문했는데, 통주 화엄사에서 한 선승이 '어디서 계를 받았느냐?'고 물었습니다. '조선에서 받았소'라고 하니까 '우리 중국의 계가 언제 조선으로 갔는가?' 하며 비꼬는 것이었습니다. 그때만 해도 중국 스님들은 중국

대각사 법회 장면.

대각사가 위치한 종로3가 '국악의 거리'.

불교가 조선불교에 비해 우세하다고 여겼던 겁니다. 마침 범종소리가 울려 퍼지자 용성 스님이 그에게 물었습니다. '저 종소리는 그대의 것인가 나의 것인가?' '그야 어찌 내 것 그대 것이 있을 수 있겠소?' 다시 물었습니다. '저 하늘의 해와 달은 중국의 것인가 조선의 것인가?' '해와 달에 어찌 중국의 것 조선의 것이 있겠소?' 그때 용성 스님은 큰 소리로 사자후를 하셨어요. '어찌 부처님의 계에 조선의 것이 있고 중국의 것이 있단 말인가?'라고 말입니다."

"그 스님 코가 납작해졌겠네요."

"아, 제가 아까 용성 스님께서 남기신 유훈이 있다고 했죠? 모두 열 가지인데 입적 전에 제자인 태현(동헌당 완규) 스님에게 부촉한 겁니다. 그 가운데 삼귀의계와 오계를 100만 명 이상에게 주라는 것이 있습니다. 새로운 불자 100만 명을 만들라는 것이지요. 용성 스님께서 30여 년간 3만여 명에게 수계를 하셨고 뒤를 이어 태현 스님이 3천여 명에게 수계하셨습니다. 그리고 제자인 도문 스님이 유훈을 이어받아 1961년부터 최근까지 106만여 명에게 수계를 하셨답니다. 그러니까 100년간 3대를 이으며 100만 명이 훨씬 넘는 사람에게 불자의 자격인 삼귀의계와 오계를 설한 겁니다."

"대단한 일이군요."

그 부처가 꿈에 본 부처더라

부부는 법당 오른쪽에 모셔진 용성 스님의 진영을 바라보았다. 이곳에 절을 짓고 민족의 독립과 중생의 개안(開眼)을 위해 온몸을 던지시고 입적하는 순간에도 열 가지 유훈을 남기신 선각자의 모습이 거룩하기만 했다.

"용성 스님과 만해 스님은 스님으로서도 민족의 선구자로서도 폭넓게 연구되고 추앙 받아 마땅합니다. 여기 국악의 거리가 새로운 문화 아이콘으로 떠오른다면 거기에 반드시 대각사와 용성 스님의 사상이 접목되어 전통다운 전통의 맛을 살려내야 합니다."

KS선생님이 목소리에 힘을 주며 일어섰다. 부부도 자리에서 일어나 조용히 삼배를 올리고 밖으로 나섰다. 계단을 따라 내려가며 아무도 입을 열지 않았다. 일주문을 나오면서 KS선생님이 가방에서 종이 한 장을 꺼냈다.

"이거 갖고 가서 읽어 보세요. 나중에 용성 스님 관련 자료들 챙겨 드릴게요."

종이에는 용성 스님의 수행가풍을 드러낸 게송들이 적혀 있었다.

출가송(出家頌)

불망전세사(不忘前世事) 전세사를 잊지 아니하라고

몽중불수기(夢中佛授記) 꿈 가운데 부처님이 수기하셨도다

출가덕밀암(出家德密庵) 덕밀암에 출가하니

기불친견불(其佛親見佛) 그 부처가 꿈에 본 부처더라

오도송(悟道頌)

금오천추월(金烏千秋月) 금오산에 천년의 달이오

낙동만리파(洛東萬里波) 낙동강에 만리의 파도로다

어주하처거(漁舟何處去) 고기 잡는 저 배는 어디로 가는고

의구숙로화(依舊宿蘆花) 예와 같이 갈대꽃에서 잠자더라

열반송(涅槃頌)

제행지무상(諸行之無常) 모든 행이 떳떳함이 없고

만법지구적(萬法之俱寂) 만법이 다 고요하도다

포화천리출(匏花穿籬出) 박꽃이 울타리를 뚫고 나가니

한와마전상(閑臥麻田上) 삼밭 위에 한가로이 누웠도다

조계사

조계산 혜능의 심장
서울 한복판에서 고동치다

산꼭대기의 물 한 방울이 바다에 이르기까지
얼마나 먼 길 흘러야 하고
얼마나 많은 마음 지나야 할까요?
조계(曹溪)의 물 한 방울이 아홉 산에 맺히고
다시 면면한 시간을 타고 반도를 적셨으니
이 땅이 법연(法緣)의 정토임을 의심하지 않겠습니다.
부처가 사는 부처의 땅임을 잊지 않겠습니다.
밤마다 끔찍한 사건 터지고 흉흉한 뉴스 쏟아져도
아침저녁으로 제불보살의 공덕 찬탄하며
정불정보살의 무한한 믿음을 따르겠습니다.
전륜성왕의 정수리에 감춰진 보배구슬이
일체 중생의 가슴에서 빛나는 그날까지
성성한 화두 놓지 않겠습니다.
우주법계에 당당한 주인공이 되겠습니다.

한국불교 1번지에 서다

사람이 사는 곳에 절이 있다. 절은 수행과 신행의 공간이고 교화의 공간이다. 사람이 없으면 수행도 신행도 교화도 없다. 사람을 위한 가르침, 불교는 천지만물이 다 불성을 갖춘 존재라고 가르친다. 그러나 사람이 없으면 천지만물의 존귀함도 드러나지 않는 것이니 사람이 사는 곳이 아니라면 불교는 존재할 수 없다.

조선의 개국으로부터 서울은 서울로 자리해 왔고 그 중심에 종로가 있다. 수세기를 두고 번성한 도시의 중심에 그 나라를 대표하는 종교의 총본산이 있다는 것은 역사적 필연일 것이다. 대한불교조계종 총본산 조계사가 그 필연의 현재이고 미래다.

조계사(曹溪寺) 일주문은 뭔가 어색했다. 일주문 자체는 웅장하지만 위치가 불안정했다. 바로 앞에 상가건물이 있어서 문의 왼쪽 부분이 정면에서 다 보이지 않기 때문이다. 그래도 네 개의 큰 기둥을 중심으로 앞뒤로 기둥이 있고 화려하게 단청한 지붕은 하늘로 치솟을 듯 산뜻했다.

연꽃문양의 대리석 주춧돌에 다시 대리석으로 다듬은 둥근 받침돌을 사람 키만치 올리고 나무기둥을 세워 매우 견고해 보였다. 전면의 네 기둥에 주련이 걸려 있었다. 나팔수 씨는 낱낱의 글자들은 읽을 수 있었지만 그 뜻은 알 수 없었다.

"제가 말이죠, 한자는 좀 아는데 한문을 모르거든요."

이심전심시하법(以心傳心是何法)　　마음에서 마음으로 전하는 이 법이 무엇인가

불불조조유차전(佛佛祖祖唯此傳)　　부처님이나 역대 조사가 오직 이것을 전함이로다

조계산상일륜월(曹溪山上一輪月)　　조계산 꼭대기에 법륜의 둥근달이 떠올라

만고광명장불멸(萬古光明長不滅)　　만고에 그 광명이 영원히 빛나리라

주련의 내용을 해석해 준 사람은 KS선생님이었다. 대각사에 함께 갔던 그 대머리 아저씨. 장마전선은 북한지역으로 올라갔고 서울을 비롯한 중부지방은 찜통 속에 갇혀 있는 주말 오후. 수행카페 회원들과 번개모임이 있는 날이라 부부는 시내로 나왔다. 도선사에 함께 갔던 그 사람들과 인사동에서 저녁식사를 할 참인데 KS선생님과 미리 만나 조계사를 둘러보고 가기로 한 것이다. 대각사에서 헤어지면서 KS선생님은 조계사를 꼭 가 봐야 한다고 했다.

"조계사도 대각사처럼 도심 사찰이라 풍경이 좋지는 않지만, 조계사를 보고 조계종과 조계사의 역사를 이해해야 한국불교를 이해할 수 있어요. 모르는 사람들은 시끌벅적하고 스님들 싸움하는 곳으로 알지만 그게 아닙니다. 조계사는 누가 뭐래도 한국불교 1번지죠. 한국불교의 과거 현재 미래를 읽는 코드가 바로 조계사입니다."

나팔수 씨는 막상 경내로 들어서려니 목이 말랐다. 아내에게 "시원한 것 좀 마실 수 없느냐"고 물었다.

"물론 있지요, 여보님. 우선 법당에서 절하고 경내를 둘러본 다음 맛있고 시원한 것으로 더위를 식힙시다요."

일주문 오른쪽에 다른 절에서 볼 수 없었던 화상안내기가 있었다. 화면을 터치하면 안내영상과 문구가 뜨는 첨단 시설이었다. 그 옆에 간략한 사찰 안내판도 세워져 있었다.

조계사

조계사는 대한불교조계종총무원의 직영사찰이다. 1910년 전국교구본사의 의

연금으로 창건된 각황사(覺皇寺)를 1937년 현재 자리로 옮기고 이듬해 삼각산에 있던 태고사(太古寺)를 이전하는 형식을 밟아 절 이름을 태고사라 하였다.
1941년 조선불교조계종총본산태고사법 제정과 함께 조선불교조계종이 발족, 1954년 불교정화운동을 벌이며 조계사로 개칭하였다.
현재 조계사는 대한불교조계종의 중심사찰로서 수행과 포교를 비롯하여 교육, 문화, 사회봉사 등 행사를 주관하고 있다.

"다 읽으셨나요? 짧게 정리되긴 했지만 근대 한국불교의 수난사가 들어 있는 문구랍니다."

"글쎄요. 솔직히 무슨 말인지 이해 안 됩니다. 처음엔 각황사였는데 그게 딱 100년 전에 세워진 것이군요."

"네, 그러고 보니 100년이네요. 각황사는 이 근처 어디에 있었다고 합니다. 일단, 법당부터 들어가요."

조계사 마당은 다소 어수선한 분위기였다. 4대강 개발 반대 시위를 위한 천막이 쳐져 있고 백중을 앞두고 『부모은중경』의 내용을 알리는 시설물도 중간을 지키고 있었다. 주차장이 따로 없는지 한쪽에는 차들도 세워져 있어 일주문을 들어서면서 좀 어수선한 느낌을 받았다. 세 사람은 마당을 지나 천연기념물 제9호로 지정된 백송 앞의 동자상에 합장을 하고 대웅전으로 들어갔다. 대웅전 건물은 서울시유형문화재 제127호이며 넓이는 516㎡(156평)다.

'와, 엄청 크다.'

대웅전의 삼존불.

나팔수 씨는 대웅전 정면에 모셔진 부처님의 크기에 입을 다물 수 없었다. 법당 안에 많은 사람들이 있었지만 시끄럽지는 않았다. 조용히 절을 하는 사람과 참선을 하는 사람, 경전을 펼쳐들고 읽는 사람들의 모습이 진지했다.

"그런데 조계사와 조계종은 어떤 관계인가요?"

대웅전 앞 나이 450년을 자랑하는 회화나무(서울시지정보호수 제78호) 아래 그늘에서 나팔수 씨가 물었다.

"아까 본 안내판에 나와 있는 것처럼, 조계종은 '대한불교조계종'이라는 하나의 종단이고 조계사는 그 조계종의 행정기구인 총무원의 직할교구입니다. 직할이란 총무원

'8정도'가 새겨진 법륜상.

이 직영한다는 의미죠. 그래서 조계사의 주지는 총무원장이고 총무원장이 재산관리인으로 임명한 분을 편의상 주지스님으로 부르고 있습니다. 조계종에는 모두 25개의 교구가 있는데 직할교구가 제1교구에 해당합니다."

"사실, 저는 종단이란 개념도 잘 모르거든요. 조계종 태고종 천태종 그렇게 부르는 종단이 아주 많은 것 같더라고요."

"종단이라, 많지요. 조계종을 비롯해 전통성을 가진 종단들의 협의기구인 한국불교종단협의회에 30여 종단이 소속된 것으로 알고 있어요. 그러나 그보다 무소속이거나 지자체에 이름을 등록했거나 각종 법인의 형태로 설립된 종단들이 적지 않습니다.

100개가 훨씬 넘는다고도 하는데 정확한 집계도 어려울 정도입니다."

"사이비가 그렇게 많은가요?"

"그렇게 말할 순 없어요. 종교란 어떤 규격에 맞춰지는 것이 아니잖아요. 그 나름대로 법적 절차를 거쳐 창종(創宗)하고 조직과 절차를 가지고 운영되고 있다면 법적인 하자는 없어요. 다만 부처님의 가르침을 제대로 받들고 가르치고 실천하느냐 하는 문제는 살펴볼 필요가 있겠지만, 그 역시도 종교가 갖는 특성상 함부로 단정할 수 없어요."

"그래도 종단이라면 공공성을 가지는데 어느 정도 갖출 건 갖춰야……."

"말하자면, 교조를 석가모니 부처님으로 하고 종조를 역대의 선지식으로 모셔야겠지요. 그리고 종단의 정신적 지주(종정)와 행정기구와 그 책임자가 있어야 합니다. 소의경전이라 하여 그 종단의 사상적 근원이 되는 경전이 있어야 하고 기도나 불공 등의 의례가 확립되어야 합니다. 그리고 저는 개인적으로 종단이 갖추어야 할 가장 중요한 것이 '수계의식'이라고 봅니다. 불교의 법식에 맞는 수계의식을 통해 승려가 배출되어야 하니까요. 수계를 위해서는 계단이 필요하고 계를 설할 계사와 증명법사 등 여러 절차가 필요합니다. 부처님도 살아계실 때 수계를 통해 비구 비구니를 인정했고 재가 불자 역시 수계의식을 통해 인정했습니다. 수계는 불자로 태어나는 출생신고인 셈이고 수계증서는 주민등록증과 같다고 보면 됩니다. 더러 형식만 얼렁뚱땅 갖추고 내용 없이 간판을 거는 종단도 있는 것 같습니다. 불자들이 잘 살펴야지요."

조계사 풍경 속의 한국불교

세 사람은 법당 외벽의 벽화들을 훑어보았다. 석가모니 부처님의 일대기를 그림으로 묘사했는데 매우 친근감 있는 그림들이었다. 매화와 목련, 경전 속의 설화에 등장하는 동물 등이 조각된 문살은 매우 정교하고 화려했다. 법당 둘레를 그림과 아름다운 문살로 장식하고 정교하게 쌓아 올린 공포와 서까래를 포함한 추녀 전체에 산뜻하게 단청을 해 100년 된 건물이라는 느낌이 들지 않을 정도였다. 법당 뒤편은 한국불교역사문화기념관.

"2005년 12월에 완공된 이 건물은 1700년 동안 우리 민족의 정신문화를 이끌어 온 불교문화와 역사를 올바르게 계승하고 기념하기 위해 지은 것입니다. 불교중앙박물관과 전통문화공연장 그리고 조계종의 각종 종무기관들이 입주해 있습니다. 국제회의장도 있고 저기 보이는 갤러리와 찻집도 있어요. 이 건물과 조계사는 조계종의 이념과 행정이 집결된 대한불교조계종의 총본산입니다."

"한때 치열한 싸움이 벌어졌던 곳이 여기지?"

나팔수 씨는 아내를 바라보며 물었다. 지혜장은 '왜 하필 그걸 묻느냐?'는 눈으로 남편을 쳐다봤다. 눈치 빠른 KS선생님이 말을 꺼냈다.

"1998년과 1994년 두 차례에 걸쳐 조계종은 심각한 내홍을 겪었습니다. 1994년의 경우 종단개혁을 기치로 독재적인 종단 운영과 구태를 벗지 못한 각종 인습들을 타파하고자 하는 시대적 열망이 봇물처럼 터졌던 겁니다. 그 결과 개혁종단이 출범되고 상당한 분야에서 새로운 제도가 시행되었습니다. 그런 과정에서 폭력이 행사되고 공권력이 동원되는 등 볼썽사나운 장면이 많이 연출되어 톡톡히 망신을 당했지요. 1998년의 경우는 어느 스님의 총무원장 출마가 '3선'이냐 아니냐를 두고 촉발되었는데 결국 종권다툼의 양상으로까지 확대되어 또다시 이 자리에서 폭력이 드러나는 등 민망스러운 행위들이 전국에 보도되었던 겁니다. 나 선생님이 보신 그게 현실이긴 했지만 속사정은 현대화 · 대중화를 향해 가는 불교계의 성장통으로 봐 주시면 좋겠습니다."

지혜장이 남편의 등을 살짝 밀면서 "저기가 우정국공원인데 우편사업을 처음 시행했던 곳이야"라며 화제를 돌렸다. 우정국 공원에 놓인 벤치에 수십 명이 앉아 이야기를 나누고 있었다. 구석에서는 노숙자들이 배를 드러내고 잠에 빠져 있었다. 세 사람은 기념관 뒤편으로 가서 독특한 양식의 탑 앞에 섰다. 옆에는 '석가세존진신사리탑비'가 세워져 있었다.

"일본 냄새가 나는 탑인데요?"

"맞아요. 1930년에 세운 탑입니다. 일본양식을 따라 만들었고요. 1913년 우리나

조계사 마당의 회화나무 그늘은 불자와 시민들의 쉼터다.

라를 방문한 스리랑카의 고승 달마바라 스님이 기증한 부처님 진신사리 1과를 모시기 위해 세운 탑입니다. 2009년 8월까지는 대웅전 앞에 있었는데 새로운 8각10층탑이 조성되면서 여기로 옮겨 세운 겁니다."

　일행은 조계사 마당을 한 바퀴 돌아 다시 회화나무 앞 8각10층 세존진신사리탑 앞의 벤치에 앉았다. 주말 오후라서 그런지 절 마당에는 제법 많은 사람들이 오고갔다. 주변 고층빌딩을 배경으로 우뚝 솟은 탑을 보면서 흔들리는 세파를 견디게 하는 꿋꿋한 믿음의 상징 같다는 생각을 했다.

"마눌님. 아까부터 목마르다고 했는데……."

"아, 그래요. 시원한 오미자 한 잔 마셔야죠?"

산중다원(山中茶園). 종각 아래층에 차 향기 그윽한 전통찻집이 있었다. 20여 년 전에 문을 연 산중다원은 사찰의 전통찻집으로는 원조인 셈이다. 조계사를 찾는 불자뿐 아니라 주변의 직장인들도 꾸준히 찾아와 전통차와 잠시의 여유를 즐기는 곳이다.

100년 전과
100년 후를 읽어라

"선생님, 조계종이라는 이름은 무슨 뜻인가요?"

시원한 오미자를 마시며 나팔수 씨가 물었다.

"네, 중요한 말씀입니다. 오늘 저는 두 분께 조계사의 창건 배경과 조계종의 역사적 배경을 설명 드리고 싶었습니다. 절에 오래 다닌 불자 가운데 부처님의 생애를 모르는 분이 많은 것처럼 조계종 신도이면서 조계종이 무슨 의미인지 모르는 분들이 많거든요. 실질적이고 체계적인 교육 프로그램이 없었던 탓입니다."

KS선생님은 조계종이라는 종단의 명칭은 선종(禪宗)의 전통을 계승한 종단임을 표방한 것이라고 했다.

"중국의 선종 가풍이 달마 대사로부터 제6조 혜능 대사로 이어졌고 혜능 대사가 머물던 절이 광동의 조계산 보림사였습니다. 그래서 혜능 대사를 '조계' '조계산인' 등으로 표현했는데 조계란 말은 혜능 혹은 달마로부터 이어져 오는 선의 정맥(正脈)을 뜻하는 것입니다. 혜능 대사의 법을 이은 서당 지장 선사로부터 법을 이은 우리나라 스님이 여러 분 계시는데 대표적으로 도의(道義) 국사를 꼽을 수 있습니다."

도의 국사는 생몰연대가 불분명하지만, 784년(선덕왕 5년)에 당나라로 구법 유학을 갔다. 혜능 대사가 『육조단경』을 설한 광주 보단사에서 비구계를 받고 혜능 대사의 영당(影堂)을 참배하기 위해 조계산 보림사를 찾아갔는데, 도의 국사가 당도하니 영각의 문이 저절로 열렸고 참배를 마치니 저절로 닫혔다고 전한다. 그 뒤 홍주 개원사에서 혜능 대사의 증손이며 마조 도일의 제자인 서당 지장(735~814)에게 법을 묻고 마침내 법맥을 전수 받았다. 서당 지장은 "참으로 법을 전수할 사람이 이 사람이 아니고 누구겠느냐?"며 '도의(道義)'라는 법호를 내렸다. 도의 국사가 서당 지장 선사의 제자인 백장 회해 선사를 찾아가 전법 과정을 설명하니 "강서마조의 선맥이 모두 동국의 스님에게로 귀속하였구나" 하며 칭찬했다고 한다.

"도의 국사는 821년(헌덕왕 13년)에 귀국하여 선불교를 펼치려 했으나 이미 교학불교가 탄탄하게 자리하고 있어 선 수행을 펼칠 여지가 없었습니다. 그래서 강원도 설악산 동쪽 진전사에서 은둔하며 지내다가 염거 화상에게 법을 전했습니다. 염거 화상은 다시 보조 체징 선사에게 법을 전해 보조 체징 선사가 전남 장흥 보림사에 가지산문을 열고 선법을 폅니다. 중국에서 선법을 안고 왔지만 시절인연이 무르익지 않아 산중에 칩거했던 도의 국사의 행적은 달마 대사와 흡사해 도의 국사를 한국의 달마라고 부르기도 하죠."

도의 국사가 귀국한 뒤 혜능 선사의 법손들로부터 선법을 받은 선사들이 속속 귀국하여 산중에서 선불교를 펼쳤다. 그리하여 홍척 선사의 실상산문(실상사), 혜철 선사의 동리산문(태안사), 도윤 선사의 사자산문(법흥사) 등 구산선문이 개산되었고 이를 토대로 신라 하대와 고려 초기에 선불교가 번성하게 됐다.

"구산선문이라고 하지만 그 선의 원류는 모두 혜능 선사로 귀결됩니다. 그래서 조계종이라 하면 혜능 대사의 선법을 계승한 종단이란 뜻입니다. 조계종이란 이름은 고려시대부터 쓰였어요. 근대 일제의 '사찰령' 등을 통한 한국불교 왜색화 움직임에 반발하여 우리 전통을 살린다는 의미에서 조계종이라는 이름을 쓴 겁니다. 조계사 법당이 1938년에 완공되어 태고사라는 이름으로 총본사의 격을 다졌고 1941년 '조계종 태고사 사법'에 의해 조계종의 정통성이 강하게 부각되었던 거죠. 아시다시피 일제에 의해 한국불교는 엄청나게 변질되었어요. 비구승단의 청정성이 무너지면서 말입니다. 그래서 선불교를 중심으로 하는 청정승가의 복원이 불교계의 절실한 항일과제였어요. 그래서 선학원이 생겼고 승려대회가 열리고 했던 겁니다. 물론 지금의 조계종은 선불교만 주장하는 것은 아닙니다. 경전을 중심으로 하는 교학도 연구·발전시키고 있고 여러 수행 방법들을 두루 포용하고 있습니다. 조계종 종헌에서는 '소의경전을 『금강경』과 전등법어로 한다'고 규정하면서도 '기타 경전의 연구와 염불 지주(持呪·

주문을 외우는 것) 등을 제한하지 않는다'고 명시하고 있어요."

"그래서 통불교적 전통을 유지하고 있다고 말하는군요."

"그래요, 보살님."

"하지만 내가 보기엔 너무 포괄적이어서 관리가 안 되는 것 같아."

"나 선생님 말씀도 일리는 있지만, 종교란 획일적인 규제로 관리할 수 없는 부분도 있어요. 신념의 문제를 제도적으로 구속할 수 있는 것은 아니거든요. 더구나 한국불교, 특히 조계종의 경우 1700년 역사에서 참으로 많은 외압과 내홍을 겪어 왔어요. 특히 근현대사에서 일제와 한국전쟁, '정화' 등을 거치면서 자주적인 불교의 틀을 찾지 못한 점도 아쉽고요. 오늘날에도 한국불교는 불교의 현대화·생활화·세계화를 추구하면서 적지 않은 시행착오를 겪고 있는 게 사실입니다."

그래도 부부는 조계사와 조계종에 대해 어렴풋이 이해할 수 있을 것 같았다. 한국불교가 생각보다 많은 혼란을 겪으며 중생계와 함께 존속해 왔다는 것도 새삼스러웠다.

"과거는 그렇다 치고 앞으로 불교가 잘되어야 할 텐데……."

"지혜장 보살님. 불교는 잘되고 못될 게 없어요. 불교 그 자체는 해와 달처럼 늘 그렇게 밝고 밝아요."

KS선생님이 미소 띤 얼굴로 큰스님 법문 같은 말을 하자 지혜장은 '아차' 했다.

"그렇지요. 부처님의 가르침이야 늘 해와 달이죠. 거기에 먹장구름을 드리우는 사람이 문제지……."

"잘 나가다가 두 분이 선문답을 하시네."

"하하하."

산중다원을 나온 세 사람은 옅은 어둠이 내려앉는 조계사 마당을 거쳐 인사동으로 향했다. 지혜장은 지옥에도 부처님이 계시듯 서울의 한복판, 세속의 치열한 욕망이 들끓는 종로에 조계사가 있다는 사실이 새삼 고맙게 여겨졌다. 지나온 100년이 고난의 시간이었다면 다가올 100년은 환희의 시간이 되어야 마땅할 것이라 생각하며 혼자 미소를 지었다.

한국불교 1번지에서.

조계사 백송.

절집 안에 있는
행복을 담아내는 일

렌즈라는 유리를 통해 절집을 들여다보면서 '과연 따스하게 스미는 행복을 찾아 찍어 낼 수 있을까?' '렌즈라는 사물도 사물이지만 세상을 아름답게 보는 눈빛을 갖지 못한 내가 어떻게 절집 속에 오롯이 담겨 있는 그 어머니 앞섶 같은 온기를 담아낼 수 있을까?' 이런 의문은 절집을 찾아다니는 내내 화두처럼 다가옵니다.

그랬습니다. 절집은 도심 속에 있든 깊은 산중에 있든 그곳만이 가지는 따뜻한 온기가 분명 있었습니다. 그리고 마알간 백자 같은 고요도 또한 있었습니다. 그 고요에는 세상의 모든 혼란을 잠재우고도 남을 큰 멍석이 펼쳐져 있었습니다. 그 멍석 위에서 소꿉장난하는 아이가 사금파리에 앉은 햇살을 줍듯 하나하나 주워들었습니다. 그 사금파리에서 주운 것들에는 봄에는 환하게 웃는 꽃망울 속 햇살이 있었고, 대웅전 뜨락에는 여름 내 낙수 진 물소리가 맑은 물웅덩이에 담겨 있었고, 절집 뒤뜰에는 법당에서 흘러나오는 말간 향내가 바람과 술래잡기를 하고도 있었습니다. 하늘을 올려다보면 처마 끝에 매달린 풍경 소리가 지는 해와 함께 노을빛 물감을 풀어 선문답을 하고, 산 아래 마을을 내려다보고 있노라면 조금은 답답했던 가슴에 시원한 바람 한 줄기가 깨금발을 하고 마음속으로 들어오는 시간도 있었습니다.

사람들은 흔히 '행복'은 자신의 마음속에 있다고, 그걸 밖에서만 찾으려 한다고 말을 하지만, 그것이 말처럼 쉽게 자신 속에서 찾아지는 것이 아님을 우리는 무수한 경험을 통해서 터득하고 있습니다. 그렇다면 그 '행복하게' 만들어 주는 길라잡이가 분명 세상 어딘가에 있긴 있을 텐데 그게 어떤 모습을 하고 있을까?

이른 아침 고운 햇살을 받고 미소 짓는 법당 안 부처님 눈빛에서, 이슬을 머금고 막 벙글어 터지는 목련의 하얀 잎새가 파르르 떠는 몸짓에서, 일주문을 들어서면 옷깃을 여미게 하는 그 야릇한 시간으로부터 나는 행복 한 자락을 손에다 주워 담아낼 수 있었습니다. 어떻게 하면 그 행복을 렌즈 속에다 잘 담아낼까. 이런 생각을 하며 더 깊고 넓은 그 행복이 담겨 있는 절집을 찾아 오늘도 길을 떠납니다.

어쩌면 이 책의 맛깔스러운 글 속에다 많은 행복을 찾아 담아내 주신 임연태 작가와 함께 이렇게 길을 걷는 것 자체가 행복한 일인지도 모르겠습니다. 함께하는 시간이 참 행복이었습니다. 그 행복을 책으로 모아 주신 클리어마인드 오세룡 사장님 그리고 절집에 있는 행복 조각들을 함께 맞춰 나갈 독자님께 감사의 마음을 전합니다.

2010년 가을볕 속에서

이승현 합장.

행복을 찾아가는

절집기행 서울

인쇄 | 2010년 11월 5일
펴냄 | 2010년 11월 22일

지 은 이 | 임연태
사   진 | 이승현
펴 낸 이 | 오세룡
펴 낸 곳 | 클리어마인드_(주)지오비스
등록번호 | 제 300-2005-54호
주   소 | 서울시 종로구 수송동 58 두산위브 736호
전   화 | 02)2198-5151, 팩스 | 02)2198-5153
디 자 인 | 현대북스 051)244 -1251

ISBN 978-89-93293-21-0   03980

정가 13,800원